日常公园 Everyday Park

张唐景观公园设计实践手记

唐子颖　张东　编著

同济大学出版社·上海
TONGJI UNIVERSITY PRESS · SHANGHAI

图书在版编目（CIP）数据

日常公园：张唐景观公园设计实践手记 / 唐子颖，张东编著 . -- 上海：同济大学出版社，2024.3
ISBN 978-7-5765-0718-8

Ⅰ . ①日… Ⅱ . ①唐… ②张… Ⅲ . ①城市公园 - 景观设计 - 中国 Ⅳ . ① TU986.2

中国国家版本馆 CIP 数据核字 (2023) 第 255867 号

日常公园：张唐景观公园设计实践手记
Everyday Park

唐子颖 张东 编著

策划编辑 孙彬
责任编辑 孙彬
责任校对 徐逢乔
装帧设计 姚瑜 方乐饶

出版发行 同济大学出版社 www.tongjipress.com.cn
（地址：上海市四平路 1239 号 邮编：200092 电话：021-65985622）
经 销 全国各地新华书店
印 刷 上海雅昌艺术印刷有限公司
开 本 889mm×1194mm 1/16
印 张 17.75
字 数 454 000
版 次 2024 年 3 月第 1 版
印 次 2024 年 3 月第 1 次印刷
书 号 ISBN 978-7-5765-0718-8
定 价 168.00 元

张唐景观
Z+T STUDIO

序

与“拯救地球”的卫士不同，张唐景观是行业内低调的先行者。十多年来，他们通过自下而上的工作方法逐渐建立起领导力和权威性。他们致力于保持项目细节与宏观认识的距离，而不是直接建立二者的联系。他们这么做可以避免“道德绑架”的姿态并保留一种灵活性，这让他们渐渐成为行业的领导者之一。用交响乐打比方，张唐景观并不是贝多芬的协奏曲——乐章伊始便以英雄的方式出场，而是巴托克的协奏曲——独奏出现在乐章的中段，与团队的演奏交织在一起。

在我的理解中，当代中国景观的谱系有几个不同的维度，有关键的转折点和人物，简单的线性叙述难以回应此中多样而复杂的情况。然而，这几个不同的维度对建立认知的方向以及判断各种景观设计的贡献是很有用的。

在我的恩师陈植先生 1930 年出版的《国立太湖公园计划书》，与孙筱祥先生 1959 年发表的文章《杭州花港观鱼公园规划设计》之间，淹没在世事动荡年代中的是中国当代景观设计的早期话语（discourse）。从陈先生在日本受到的启发，到孙先生设计花港观鱼公园时借鉴了苏联专家提倡的对“民族”的思考，可以看到国外学术对中国景观的影响；但在那个年代，中国“本土”与国际的学术交流断断续续、非常艰难，学术讨论多停留在中国传统的景观设计理论。孙先生在 1959 年的文章中表达了对材料和景观体验的关注。孙先生当时已经在北京林学院任教，引导该校的景观设计专业长期关注历史与设计的关系；后来主导专业教学的孟兆祯先生建立了丰富的本土案例库，强调了历史记忆、创新与想象的关联。

孙先生在 20 世纪 80—90 年代的设计实践活动，格外关注中国景观设计中的西方景观学概念。国内的公园设计比较关注植物配置，注重公园中多个景观的整合、园林与隆重的庆典文化的关联以及人工与自然的协调，这些关注点与英国传统风景园林的旨趣有暗合之处。从 90 年代开始，国内设计师开始了解美国景观设计，但在学院派看来，英国风景园林是更重要的参照系。

美国哲学家曼努埃尔·德兰达（Manuel DeLanda）说，一个学科的发展一般会牵涉一种现象、一群实践者，以及让实践者研究具体现象的一系列工具和方法。在孙先生、孟先生 20 世纪 80—90 年代的工作中，虽然国内学术界已经有“生态景观”的笼统说法，但还没有掌握水的量化管理及其相关做法。90 年代末，俞孔坚先生引进了哈佛大学景观学的生态理念与 GIS 技术。他在设计实践初期一直致力于推广生态理念在学科、技术、政策管理中的应用。目前，随着中国经济的发展，管理部门逐渐意识到公园的建设、房地产的开发与经济效应间的关联，这对中国当代景观设计师而言是一个历史性的契机。

张东先生与唐子颖女士在上海创建张唐景观设计事务所之后，深化景观设计，与甲方合作，展示了非凡的能力。张唐景观的实践与孙、孟两位先生虽然迥异，但在思想上却对两位先生有所回应。张唐景观在中小型尺度的设计中投入了对预制材料元素以及对细部和体验的关注，触及了对细节与集体记忆的呼应，突显了景观与氛围的关联。在留美期间，唐女士与张先生掌握了对水的量化管理，这为2009年之后展开的、在本书中呈现的公园设计项目争取到落实生态设计的专业条件。他们从具体项目出发，对传统的景观设计作出了自己的解读与回应。更重要的是，他们发展出了以人的体验为导向的设计方法，从设计策略的层面出发，探讨质量、维护、运营、材料、工艺等更细致的议题。

本书取名为“日常公园”，为景观设计学的讨论提供了一个非常规视角。建筑其实一直都有“日常”（everyday）的说法，比如日本东京建筑那些古怪的“日常”状况，法国理论家米歇尔·德·塞杜（Michel de Certeau）“日常生活中的实践”（the practice of everyday life），等等。在中国，有人提出一个与之对应的概念是“日用中常”（focusing the familiar），来自对“中庸”的一种认识，指用很不起眼的没有设计感的事物，偶尔来刷新一下普通的感觉，但不会形成很强烈的完全新的东西，与旧的形成对比——比如像西方现代主义建筑在一个传统老街区形成的新旧对比的震撼。当然，“日常”在不同的语境下并不一定意味着“普通”和“不起眼”。在我国当下的语境中，或者说在本书谈“日常”的时候，强调的是社会公众的诉求。它可以是中庸的、不起眼的，也可以是非常规的。它强调“可达性”“多功能性”，与“历史性”“纪念性”不同；它的“普适性”与古典的“唯一性”相反。

张唐景观在公园项目中遇到的各种有难度的问题，折射出国内同行普遍遇到的挑战。例如，如何协调景观生态修复的周期与政策更新的频率，如何通过项目回访接触到公园的使用者，如何联系到在设计阶段无法咨询的人群，从而在管理部门与开发商以外，为公园的维护工作找到有心人。微观层面的时间观可能是这样的：不纠结一开始维护经费的缺位，面向公共群体，处理过去和未来的问题，甚至可以通过项目回访的反馈进一步调整下一次设计的策略。我称其为“试探性的估量”（tentative estimation）或者“试探性的部署”（tentative arrangement）。此前在宏观层面，孟先生力图在线性时间观下发展“古”和“今”的关系，而张唐景观则保留了对日常场景的细腻分析，放弃了线性时间观——这是一种依托于项目的动态部署，把当下作为处理过去与未来的契机，从而逐渐折射出一种往后几年的发展趋势或方向。

冯仕达 Stanislaus Fung
哈佛大学设计研究院
2023年11月

前言

起因：张唐景观事务所成立之初常做居住区的售楼处设计。当时，我们的理想是“做公园设计”：那种纯景观，自由度大，有创作空间的设计。2014 年，事务所机缘巧合做了第一个真正意义上的公园——长沙山水间项目，它对公众开放，有人参与，有山水保育，还有儿童活动。接下来一发不可收，截至 2020 年，我们已经设计并修建了 16 个大大小小的公园。回顾这些公园的来龙去脉，我不禁想套用托尔斯泰的名言：幸福的“公园”是相似的，不幸的“公园”各有各的不幸。因谁而起，为谁而建，在谁的手中维护，公园最后的命运各有不同。

时至今日，曾经发布图片的漂亮公园都怎么样了？这本书里所呈现的不是大家期待的可以用作“意向图片”的惯常的公园景观，而是公园历经沧桑、满目疮痍的真实面孔。曾经设想的大众使用公园的方式，实际上是怎样被使用的？公园什么地方已经损坏了，是因为使用过度还是不合用？什么地方变得更好了，比如树长高了，草长顺了？最终，在时间的洗礼下，这些公园的真实“生活状态”是怎样的？原因是什么？

结构：每当问一个“为什么”，就会有更多的“为什么”接踵而来。比如城市绿化部门维护下的公园为什么在林子下面种满密密麻麻的地被？需要报批的公园里为什么不可以设计球场等体育设施？中国的公园为什么都是路径和“景点”？为什么逛公园和逛商场一样累人？为什么对应公园的是“逛”这个动词？

将这些“为什么”归类，本书的结构分成三个部分：第一部分，中国公园的历史发展——比如中国的公园是什么时候出现的？怎么演变的？这部分关系到社会文化，讲中国人是怎么使用公园的，以及原因是什么（结论是开放的，本书只作为探讨）。第二部分，中国公园的建设条件，比如中国的公园绿地在建设规范里是怎么被定义的？在相关的管理系统里是怎么操作和执行的？这部分关系到政策法规，是公园设计的先决条件，是硬性的、需要设计师服从的或者说短时间内无法改变的。第三部分，追踪张唐景观建造的部分公园，通过对使用者的回访、观察这些公园的使用状态、对比数据（造价、参观人数、门票的价格等）形成一个阶段性的总结，用以明确：这样的公园可持续吗？可以改进吗？建造代价（经济上、环境上）是什么？值得吗？

虽然这样三段式的图书结构设想好像逻辑很清晰，但在实际写作中却是被打散了的。这个方法是因为我读过约翰 · 麦克菲（John McPhee）的一系列著作后，为他几条线索交叉并行的成文结构着迷，从而效仿的。比如说公园回访的内容会出现在全书的不同部分，当以某个公园为案例讨论公园设计时，会进而讨论公园的设计规范。虽然知道如果行文没有足够“如流水”，就会让人觉得混乱，但还是希望本书能够摆脱枯燥或者一本正经的说教，让“公园”这个我们身边的常见物态丰富、立体起来。

在我就读于美国马萨诸塞大学研究院期间，同班有一名五十几岁本科学艺术的 M 同学，她在两个儿子成年后还来读书，并且经常捧着厚重的“奇奇怪怪”的书看，比如人类变迁史。我曾经问她为什么对一些专业的图书感兴趣。“很好看呐，”M 说，“虽然作者和话题都是专业的，但是内容是写给所有人看的。”

后来，我也拓展了自己的阅读领域，看了五花八门的专业领域人士写给“所有人”看的书。这些书让我对世界有了更加饱满的认识，也让自己的知识领域不仅仅局限于上学时的课程——这是本书的期望。本书有实证，有数据，有调查，有分析；又因为它讲的是与每个人生活相关的事情，所以不枯燥。重要的是，我希望它可以引发大家对生活的关注和深度思考。

唐子颖

2018 年初

目录

“逛”公园

从一个隆重的事件变成日常行为

从小时候去公园玩耍开始，“公园”这个概念不知不觉成了我们生活中的一部分。本章从身边的人小时候在公园的经历谈起，讲述了日常使用的公园以及经常看到的市政公园在大历史时间段中的演变过程，回顾了公园在城市发展历程中呈现的不同状态。

小时候的公园

作为20世纪70年代在一座北方小城市长大的人，我记忆中80年代的城市里只有一个人民公园。公园里面最吸引小孩的是动物，那里住着猴、狗熊、老虎、狮子、狼、狐狸、鹿等。老虎和狮子常常死掉，当我听说公园新来了一只老虎就会赶紧去围观；狼也常常死掉，它们显然不喜欢被圈养，在笼子里来回转圈。有同学的家在公园旁边，会听一晚上的狼叫。听闻狗熊曾经把一个老饲养员舔伤致死，所以每次去看狗熊时，我都特别担心掉进熊山。

公园的其他部分，有假山、亭子、长廊，好像还有一个小小的湖，但是不够划船。20世纪80年代中期，公园拓展了一块地，建了一些游乐设施，有各种旋转的小飞船、木马，其中的旋转滑梯最受小孩欢迎。印象里，我只要去公园就会去滑，直到有一天发现自己比一起排队的小朋友高了很多，才不再去滑了。

如果学校春游或秋游组织去趟公园，回来就要写一篇游记，类似“今天，天空上飘着一朵白云，小鸟在树上唱着歌，我们怀着某种心情来到了人民公园……”。当时去公园是一件比较隆重的事，并不是日常行为。

现在，城市里的公园项目大部分是新建的。如果关注老公园，就会发现全国很多城市里的公园与我小时候去过的公园有异曲同工之处。与同龄人交流，会发现大家都有相类似的经历：看猴山、狗熊山，从玩滑梯“晋级”到玩碰碰车，甚至每年春天游园的“样板”作文。这样的

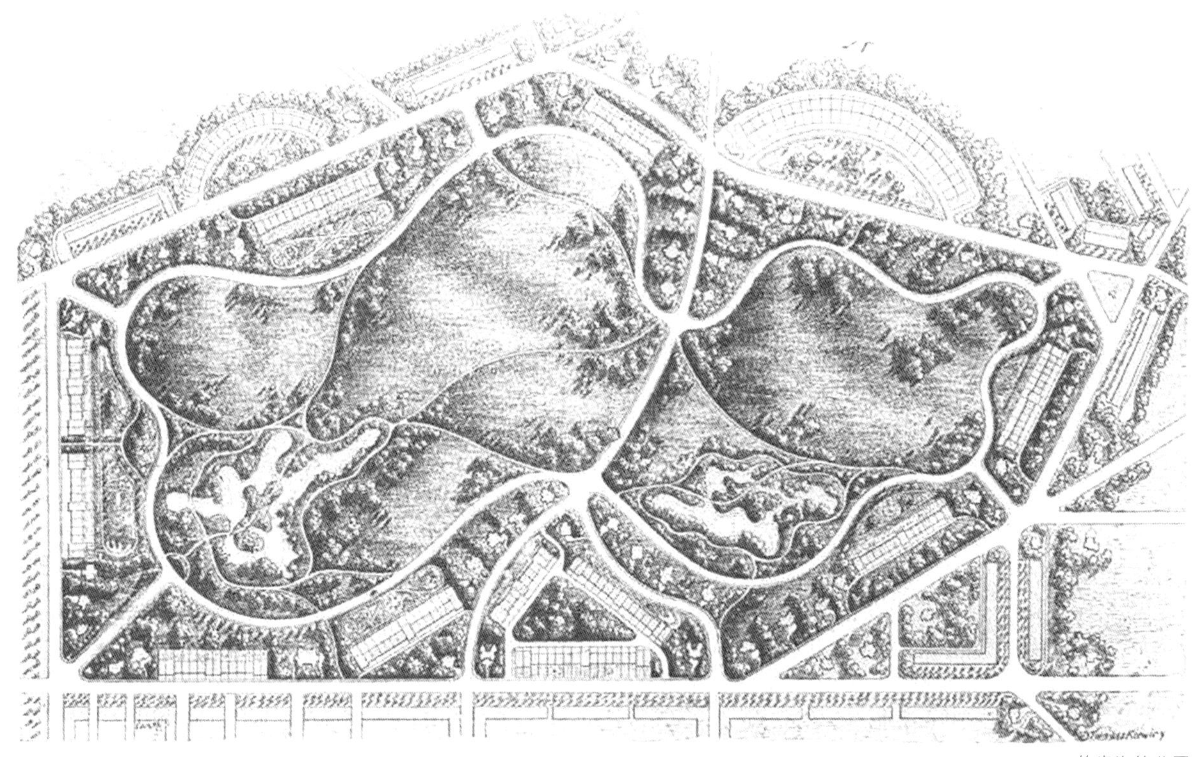
伯肯海德公园

公园集中发展在什么时期呢？基于什么原因修建的？是不是所有地级城市都配备了一个融动物园、植物园、游廊假山于一体的综合性的“人民公园”？县级市以下有没有公园？省会级城市配备独立的植物园、动物园吗？

查阅相关的学术资料，因每座城市具体情况不同，这样综合性的“人民公园”一般有一到几个，公园的规模、服务半径没有具体规定。[1] 在方方面面的资料中，关于中华人民共和国成立后公园的发展研究寥寥，关于世界历史上公园的来龙去脉研究比较粗放而且口径统一，比如大家都公认世界上称得上第一个“公园”的是1843年英国利物浦的伯肯海德公园（Birkinhead Park）[2] ——政府用税收建造、对公众免费开放似乎成为公园的基本条件。比如公认中国称得上第一个“公园”的是上海的“租界公园”（有具体指向的是1868年上海外滩公园），同时有学者认为，“唐时，庙，特别是城市里面的庙，已经有了公园的性质，限时间地或在某个节日向群众开放”[3]。近年也有研究指出，中国在宋代就有了公园。北宋吕陶《寄题洋川与可学士公园十七首》中的公园所指代的，就是由官衙修建的“郡圃”，其位置通常在子城城墙与州治之间，紧挨着城墙辟门，方便定期向公众开放。[4] 这类公园在空间布局上的政治氛围很重，以建筑为主，进次与“治”结合。这种基于地方官署“与民同乐”的理念修建的“公园”，是官员雅集游赏的主要区域。[5] 虽定期或者常年向公众开放，但更像封建皇权实施“仁政”时的某种福利，与后来民主社会中由公共需求达成共识进而形成的“户外公共空间”形似，而质（运行机制）不同。

中国历史上的北方皇家园林、南方私家园林现今虽然也是向公众开放的，但是其建造起因、手法、功能与公园不同，学术界研究虽然详尽，却因为不是从使用者的角度出发，所以与现实中大家日常熟知的公园概念脱节。中华人民共和国成立以来，公园的建设与发展的相关统计数据、实地调研的基础资料缺乏。

大部分研究认为，中国公园开始于1868年的上海。当时，主要为外国人服务的租界区公园中译名为“公家花园”（public park），比如英国人在上海建立的外滩公园、华人公园、虹口公园等。这一时期公园布局多表现为西方审美特征。[6] 19世纪80年代起，许多私家花园住宅对外开放，比如上海的张园。[6] 19世纪末20世纪初，“公园”逐步取代“公家花园”成为固定名词。1890年，在上海苏州河畔的四川路与博物院路（今虎丘路）之间出现了一座“华人公园”。起因是当时的“租界公园”限制华人进入，引发了华人抗议，租界方面为了减少麻烦、安抚人心，干脆新辟一座公园，规定此园对华人和外国人一律开放，园名就叫“新公园”（New International Garden）。说是公园，garden的原意却是“花园”，建造上其实更类似现在的大型公共绿地。这是近代中国第一次城市公共绿地建设的标志，以及上海城市公共开放空间的雏形。

20世纪初，近现代思想家、政治家大力倡导“天下为公”，为公园的发展创造了思想条件。19世纪20—30年代是公园建设的高潮时期。民国政府将兴建公园纳入市政建设规划中，在全国开展公园建设。其中较为有名的是武汉的中央公园、成都的少城公园、南京的五洲公园、广州的中央公园等。以武汉的中央公园为代表，其内部建有运动场、游泳池、溜冰场、民众教育馆、中山纪念堂等，是“亚洲第一个综合公园”。这些公园结合了中西方特色，成为一种内容丰富、功能广泛的新型城市公共空间。[6]

中国园林由服务少数人的私园绿地（garden）转变为服务大众的开放绿地，是发生在鸦片战争至中华人民共和国成立前的百余年间。其根本性的转折，是因为社会在向公共开放、公共管理方向逐步发展，土地的职能、性质、内容、形式都发生了变化。转变的过程可能是被迫的、由外而内的，并非完全自发，甚至因为时间经历过于短促而不完整。这种“强行介入”式的“半中半西”的不完整发育的公园发展模式影响深远。

现代中国城市公园的发展状态与城市化进程基本一致。城市公园在城市化发展停顿期也停滞不前，1949—1958 年、1978 年改革开放后城市化发展期间，城市公园也有相应发展。[7]

计划经济时代，强调经济生产，出现“城市绿化必须结合生产”的政策，导致公园农场化和林场化。[1] 公园规划的基本依据是体现政府意志，因为整座城市产权属于政府，公园建设资金来源于政府，公园实行封闭式管理。[8] 20 世纪 50 年代，中国学习、推广了苏联在公园建设中的“文化休息公园”模式[1]，突出了公园的群众性、公共性和新型的休息方式。比如功能分区理论便是结合苏联与我国的具体情况形成的一种规划理论。这种理论强调宣传教育和休憩活动的完美结合。通常分为 5 个功能区，即公共设施区、文化教育设施区、儿童活动区、安静休息区和经营管理设施区。合肥逍遥津公园、北京陶然亭公园、哈尔滨文化公园等均是参照苏联文化休息公园的模式规划建设的。在这样“规模化生产”的规划设计指导下，公园格局大同小异，满足休憩的功能较为僵化，纯粹的绿化面积急剧下降，功能环境空间严重退减。管理方未给予足够的保护和重视，民众也尚未形成针对空间诉求的公共意识。因此，改造活动虽然适应了当时解决实际困难的需要，但结果却偏离了城市公园本意。

20 世纪 70 年代后期，中国的城市公园建设重新被重视，建设速度加快，在注意公园内部功能分区合理性的同时，逐步转向注重发扬中国园林的传统特色。随着城市人民对娱乐活动需求加大，1983 年兴起了一股商业游乐园建设热潮，大量大型器械主题性公园陷入了“重收入、轻园容”的误区。[1] 这一时期，“绿地”这个概念的真正含义没有引起重视，而是作为一种背景存在于其中。

20 世纪 90 年代，中国城市化进入加速发展阶段，城市与绿地的关系开始被强化。“创建国家园林城市”成为主导思想。随着物质生活品质的提高，大众空闲时间的增加，对日常生活的外部环境在数量、质量上的需求也相应增加。1992 年，国务院发布了《城市绿化条例》，这是 1949 年以来我国第一部园林绿化法规，随后建设部又颁布了《公园设计规范》。1991 年，由中华人民共和国民政部首次提出社区建设。自此，公园的规划和设计开始推陈出新，增加主题性活动、展览等。[1]

21 世纪初，中国城市化进程飞速发展，一些城市从生产型逐渐转化为消费型、金融型，城市外观整体形象随着对外开放、与国际接轨、向国际化大都市发展等需求受到更多重视，公园的建设速度也越来越快。

近年来，虽然政府加大对公园的资金投入，但公园的维护资金长期处于低水平，多数公园处于勉强维持的状态。因此，公园的投资方式变得多元化成为重中之重，比如由开发商代建绿地公园，以期缓解政府单方面对公园的建设和运维投资压力。这种方式充分利用了社会资源，为政府解除了“既要出资，又要建设，还要维护管理”的三重枷锁。此外，多方利益平衡带来的不同建设目标、管理目标，使得公园的设计语言、建设方式、管理方式都发生了很大的转变。[8] 以上海复兴公园为例，其发展过程就具有代表性。

上海法国公园之一瞥[9]（今复兴公园）

上海复兴公园最初是一个私家花园，1908年被法租界公董局买下，改建成法式公园。1915—1926年间，经过较大规模的新建和扩建，开始对中国人营利性开放，园内增设了法式景观的同时也添加了中式景观元素，如假山、荷花池、小溪等。1966年之前拆除环龙纪念碑，增设了水族馆、文艺馆、儿童游戏设施、游泳池及茶室。[10] 改革开放以后，增设了雕塑和马克思、恩格斯雕塑广场，餐饮办公大楼，文娱中心以及具有中国传统园林特色的山石。公园内开始举办展览等文化活动，每日的活动丰富多样。可以说，在2000年以前，复兴公园主要经历了从法式向中法融合的景观特色的转变，其典型的从西式、私有转变成中西合璧、公共开放的发展过程，是我国城市公园发展的缩影。2006年该公园正式成为不可移动文物。

放大到上海这座城市看，1949年以后的上海绿化覆盖率和人均公共绿地面积在相当长时间内一直徘徊在较低水平。1978年以后，城市绿地建设的热潮全面兴起，以1996—1997年浦东陆家嘴中心绿地的建设为前导，浦东展开大规模的造绿工程；2000年，世纪公园的落成标志着上海新一轮的城市绿地建设达到了一个新的高度；2002年，上海市区新建公共绿地1988公顷，人均公共绿地达到7.2平方米，绿化覆盖率超过30%。上海的绿化指标由此跨入国内大中城市的前列，甚至超过了日本的东京、大阪。上海城市绿地建设在追求绿地技术指标的同时，一直注重设计的形式与内涵。近年的公园绿地设计有大量境外景观设计公司参与，带来了相当多的新思路和手法。[11]

城市公园是城市化的产物。城市化作为乡村社会转变为城市社会的一种综合性的运行机制，其作用重点因阶段不同而异。从效益角度看，可分为以经济效益为主、以生态效益为主和以社会综合效益为主三个阶段。在一个国家的城市化水平到达一定高度之前，全社会的目标都以提高经济效益为主，生态效益和社会效益往往容易被忽视，甚至被牺牲。

因城市化引起的问题一般称为“城市病”，涉及未来城市的健康问题。发达国家的城市化过程中都出现过这一现象：当城市化到达或超过50%时，城市病最多且最严重；超过60%时，这种病症便开始好转。这个好转阶段称为“城市化的基本实现阶段”。1992年，中国城市化进入加速阶段，截至2013年年底，中国的城市化率达到53.37%。据预测，中国的城市化会在2030年达到60%左右，2050年达到65%~70%，即未来十年有可能是中国城市问题最严重的十年，城市公园的建设滞后于城市化的高速发展，将引起严重的社会健康问题。[7]

以城市公园为核心的城市绿地系统将会是中国城市建设的重点，这一点是毋庸置疑的；公园从基本满足功能的需求到走向以人为本、环保生态、体现人文艺术，也是在理论上能取得共识的。但是现实中的一些公园，体现出的却是对历史文脉、功能结构和生态环境三者之间关系的破坏，比如很多传统元素被拼贴进公共空间用来代表符号型文化，地域环境遭到无视甚至强行改变，空间资源被浪费，机构意志希望通过形象、口号、功能等在景观环境设计中加以体现。中国的城市发展水平、速度各不相同，不同区域面临的问题纷繁复杂。那么这些城市公园的建设在未来会遇到什么样的具体问题？该如何解决呢？

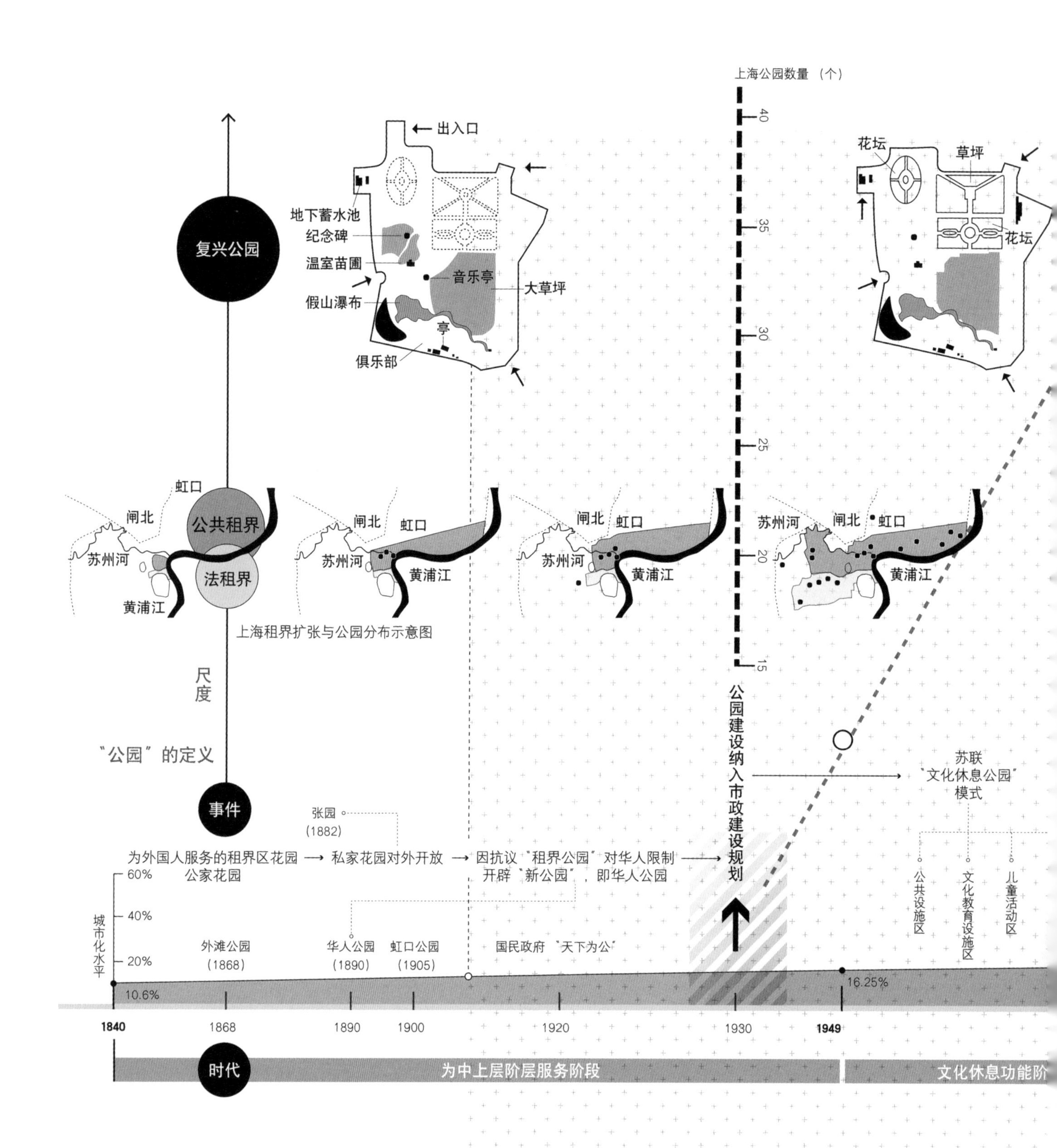

公园发展历史大背景之时间线索下的上海复兴公园[7][8][10]

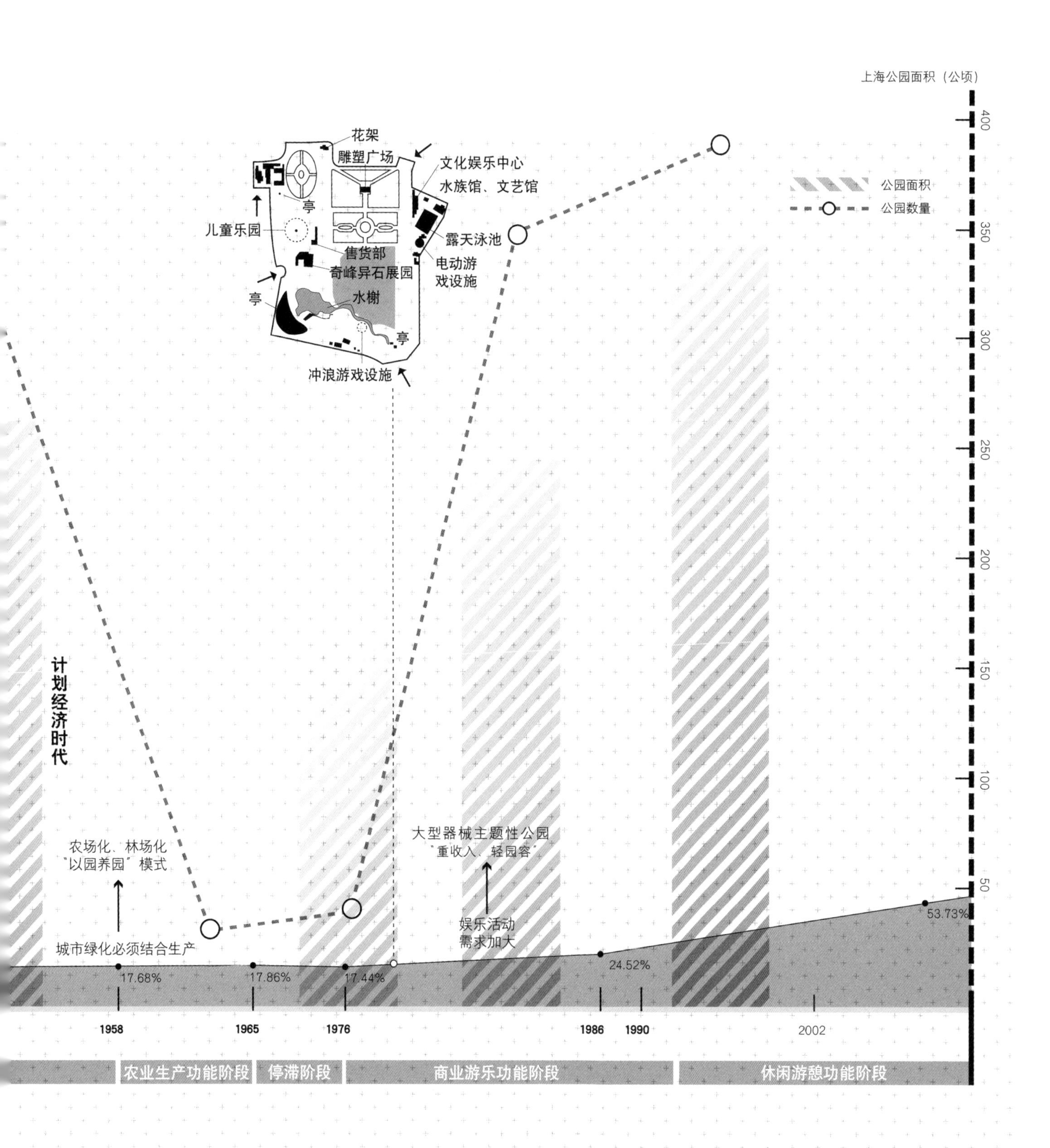

上海公园面积（公顷）
400
350
300
250
200
150
100
50
公园面积
公园数量
花架
雕塑广场
文化娱乐中心
水族馆、文艺馆
亭
儿童乐园
露天泳池
售货部
奇峰异石展园
电动游戏设施
亭
水榭
亭
冲浪游戏设施
计划经济时代
农场化、林场化
“以园养园”模式
城市绿化必须结合生产
大型器械主题性公园
“重收入、轻园容”
娱乐活动需求加大
17.68%
17.86%
17.44%
24.52%
53.73%
1958
1965
1976
1986
1990
2002
农业生产功能阶段
停滞阶段
商业游乐功能阶段
休闲游憩功能阶段

笔者在阅读资料的时候意识到一个问题，一般学术或者历史研究的对象往往是重大的、具有特殊意义的（featured，significant）人物、事件，载入史册需要有意义、够重要。就像普通的民众和日常极少会被作为研究对象一样，与大多数人生活息息相关的日常公园，也是学术研究常常忽略的对象。而设计师每天做的工作，大部分恰恰是这些普通和日常。国家重点打造的公园，比如北京奥林匹克公园、上海的世纪公园，尺度、规模比较宏大，在使用上不能经常服务于居民的日常生活。

那么，服务于城市居民的“人民公园”到底是以怎样的状态存在着呢？对于这个问题，我们在能力所及的小范围——张唐景观的办公室，展开了一个话题讨论：印象中小时候的公园。大家通过几百字的文字描述，简单讲讲小时候的“公园经历”。在几十篇反馈中，生于20世纪70—80年代的、小城市长大的人，大多对公园没有特别的童年记忆。

刘洪超　临沂　85后

小时候对公园的印象就是每年清明节学校组织的烈士陵园扫墓活动，一排排侧柏修剪得齐齐整整，一个个红领巾小方队规规矩矩，庄严而肃穆是对“公园”的初印象。

放松、撒野、亲近自然，小时候是不敢把这些与公园联系在一起的。我和小伙伴们的乐园就在放学回家的路上：穿过一片杨树林，跨过一条蜿蜒曲折的小溪，走过一个石头搭建的简易桥梁（类似现在的汀步），还会爬过一个超陡的坡地。每天两个来回，欢歌笑语撒上一路。

我生在北方四季分明的地方，对时令敏感，尤其是对各个季节的野味格外敏感。我们知道春天哪些草的嫩芽可以吃，清明之前的蟾蜍味道鲜美，榆钱（榆树的新芽）鹅黄色的最好吃，无节的柳条可以拧出最长的“号角”。夏天的知了幼虫在果树下最多，变成知了以后都喜欢停在榆树和梧桐树上，草鱼都躲在茂盛的水草下面，抓泥鳅要用复杂的麻花剪刀手钳住，河蚌经过的地方会留下一条细细的沙痕，有点“此地无银三百两”的意思。秋天是丰收的季节，也是练习长跑的季节，放学路上的果园主人每个秋天都要跑几个马拉松。秋天还有一项竞技活动是支土窑，制作闷地瓜、叫花鸡等武侠片中的野生料理，当然，用不规则形状的土疙瘩徒手搭建空心金字塔结构还是需要点野生结构力学知识的。冬天记忆最深的还是初冬时节，秋冬之交，清晨的雾霭飘在半空，霜打过的草地泛着紫褐色，挂在果树上的一些“漏网之果”，味道极其鲜美。傍晚放学的必备节目就是找上一片荒草沟，点起一把“星星之火”，直到有一天把别人家的柴垛烧着，也就深刻理解了“可以燎原”的意思。

儿时的游玩道具也是随手拈来的自然之物居多，春天编花环，自制风筝；夏天玩泥巴，洗野澡；秋天叶柄大战，土窑竞赛；冬天是火药最集中的季节，自制火枪、陷阱，定时爆破……各种战争片的情节都会用鞭炮模拟一遍。

小时候的认知很直接，树林就是树林，小河就是小河。感兴趣的事物也不分大小，蚂蚁搬家可以趴地上看上半天，赶上火烧云也能导演一部八十集的封神榜。偶尔也会研究一下爸爸的摩托车、妈妈的缝纫机，当然都是在他们不在家的时候。

北方乡下常见的杨树林

在乡下长大的话，房子以外，处处都算是“公园”——小孩户外活动的自然场所。

范炎杰　郑州 80 后

我出生的村子叫“铁匠沟村”，没听过铁匠的故事，倒是有很多的沟、山坡、树林、田。原始地貌比较接近黄土高原的特征，看似自然环境没什么变化，实际一年四季玩的很多样，像是爬山、爬树、采摘、烧烤等。

初中毕业后只有遇到大节日（主要是元宵节）才会去省会郑州，印象中去过的公园有：人民公园和动物园，在湖里划船，用气枪打气球。高中毕业后也和同学一起去过几次，玩的内容就升级成坐过山车、卡丁车、旋转木马了。对公园没什么深刻的印象，记忆更多的还是村里的各种沟、坡、林、树和四季明显的变化。

郑佳林　宁德 85 后

小时候玩的跟现在的小孩不太一样。小县城的公园只有革命烈士公园，一年学校组织一次红色教育游园。玩得开心的基本是去山上摘果子，有桃子、李子、橘子、芭蕉、荔枝、枇杷、石榴、柿子，还挖笋；河里玩的也比较多，钓鱼、钓青蛙；还在村口祠堂看戏、爬树、抓蝉。玩的很多，但都不是在公园。每个季节都有不同的花样，来不及玩，我们那边（福建）没有冬天，一年玩到头，很充实。在地里挖花生、番薯、野草莓，在田里挖野菜，吃不完的菜喂家里的小动物。还有现在流行种的千年木、琴叶榕、蕨类植物，我们那边山里、路边随处可见。

烈士公园都收门票，基本不会去的。

在城市里长大的人，根据其所在城市的规模，对公园的体验和印象又因为年龄段的不同而不同。

赵桦　郑州 70 后

70后，童年处于20世纪80年代，城市双职工家庭，周末单休——这些标签其实就得出一些和公园无缘的结果。记忆中也确实没有什么关于公园的印象，我所在的城市也有人民公园：与历史人文有关的小型公园，不能踩踏的草坪（这一点在我工作后再回家乡的老公园时都没有改变），收费的娱乐项目。公园仿佛是城市可有可无的组成部分。关于玩乐，反倒是两个校园给我留下了很多回忆：一个是小学校园，也没什么特别，标配的大象滑梯是必玩的项目，为了增加水磨石滑道的速度感，随身都带着蜡笔，涂上后滑得尽兴，裤子最受罪，五颜六色不说，屁股上破洞更是经常的事情。还有父母工作的初中校园，虽然没有什么玩乐器械，操场后边的空场，一个疏于打理的区域，暑假期间更是杂草丛生，但却是抓昆虫、捉迷藏的好地方。

张亚男　哈尔滨 80 后

小时候印象最深的两个公园，一个是外公家门口的太平公园，另一个是市里的儿童公园。从2岁到小学毕业，太平公园承载了我大部分周末的快乐时光。小时候公园内没有太多的设施，只有滑梯、秋千等简单的游乐设施，后来公园增加了一些电动游乐设施。

记事前家里人会带我去爬假山，到山坡上的凉亭休息，三四岁的时候，去公园时主要玩大象滑梯和秋千。秋千排不到的时候，外公也会用公园内的单杠给我做一个简易的秋千。小时候觉得大象滑梯好高，家里还有一张我跟大象滑梯的合影，那时我只跟大象的腿一样高，很多年后再去公园，发现我已经到大象耳朵了。再大一些时，我会带着妹妹去公园捉迷藏、捉蜻蜓。公园新增了电动设施后，去的次数就少了。

在公园的花坛前留影

市里的儿童公园离我家不算远，但都是特定的时间才会去，比如六一儿童节。公园内有少量的非动力设施，大部分是动力设施，比如旋转木马、海盗船。小时候印象最深的，也是别的公园没有的，就是环公园外圈有小火车。小火车有两个站台，分别在公园的两个出入口，一个写着北京站，另一个写着哈尔滨站。

张喆鑫　长沙 90 后

小时候都是和爸爸妈妈一起去公园，但不是很频繁，可能一年只去一两次；还有就是学校春游、秋游，一年两次。

动物园：我对里面印象最深的是猴山。一个圆形的下沉空间，人是俯瞰视角。猴子会在下面等游客丢泡泡果，它们特别喜欢吃。猴子还喜欢打架，每次它们打架的时候，我和其他小朋友都会特别激动地围观，家长和老师很怕我们掉下去。我觉得小动物又臭又可爱，但也很可怜，它们的生存环境不太好。

烈士公园：我记得树很多，有个大广场。过节的时候，广场上会用那种紫色、红色、黄色的花，用黑色的塑料盒装起来，堆成一个奇怪的符号化的造型，有很多人在那里拍照。印象最深刻的是有一片儿童游乐设施区，有那种坐船进去的鬼屋，小时候觉得特别吓人，长大后又溜过去看到了，觉得一点都不吓人。当时很多游乐设施会做出拟人化的造型。

沿江公园：靠着湘江，靠江的地方是一面石头墙（和现在一样），几个口有楼梯可以下去，每年夏天很多人去游泳。靠马路的地方会有很多动物造型的石头雕塑座椅，小时候很喜欢爬上去骑石头牛，烈士公园里好像也有，小朋友很喜欢。

陈逸帆　长沙 90 后

小时候的长沙橘子洲头公园，一到夏天就会往江里搭出来很多条长码头，晚上灯火通明，成为城市江景中一处别样的风景线，每次从橘子洲大桥坐公交过江时，总会开心地看着。除了看别致的灯火外，这一条条码头都是公园里的商户搭出来的夜宵摊子，各种夜宵都特别好吃。长沙的夜生活比较丰富，夜宵是必不可少的一项内容，橘子洲头的码头夜宵以吃鱼为主，成为长沙市民夏日聊天的好去处。后来橘子洲头公园提质改造，为了保证防洪安全，规范管理，夏日的江中就看不到灯火通明了，每逢佳节偶尔会有好看的烟花表演。两岸高楼鳞次栉比，不知还有多少人会回忆起当年的夜宵摊子。

张伊安　成都 95 后

关于公园，我的印象中只存在于暑假的午饭和晚饭之后。大概每座城市都有同一个人民公园，里面满是形形色色的人，还有从大象滑梯衍生的蔬菜、水果造型的滑梯，混凝土的胚体，五颜六色的光滑漆面，足以撑起大半天的快乐。其实能选择的玩法并不多，不过是爬上楼梯，往下滑，跑着绕到入口处再爬一次楼梯……在这样简单循环的绕圈里，会遇见同伴，也会遇见竞争者。

武峪　南京 95 后

小时候对公园的印象：花团锦簇，一盆一盆的万寿菊和鸡冠花。石头雕刻的鹿和仙鹤，小孩子们会骑在上面拍照。亭台楼阁，沿着水面布置。家边上有一个公园同时也是动物园，小时候会去看老虎、孔雀、猩猩、鬣狗等动物，但是后来渐渐都没有了，就剩了空笼子。还有过碰碰卡丁车的场地，人很多，大家都去玩，后来也没了。现在回头来想，公园当时应该是居民区里休闲生活的一个中心，当时不流行运动，而是流行一些在当时很“小资”的事情。

徐霄宇　上海 95 后

童年时的公园给我留下的印象有几个要素：山、湖、广场、儿童娱乐设施以及商店。虽然当时的形式较为老旧、有年代感，但当今的公园类的景观空间中也并未离开这些要素。前些天我又去了几次虹口区的鲁迅公园，发现这个公园与我童年印象中的并没有太大差别。或许那个年代并没有太高明的景观设计，但是我认为这类公园并没有过时的迹象。

车恩俊　沈阳 95 后

小时候对公园的记忆很零碎，只记得门口的肥皂泡泡，中心湖里的小天鹅船以及肚子饿时的烤肠，其他的可能也不是很重要，也不是很清晰，也可能因为小时候掉进湖里的记忆太深刻，其他的事情不记得了吧。

虽然没有足够的数据可以证明，但我个人体会是生长在规模小一点的城市，童年亲自然方面的生活会相对丰富多彩一点。

小时候滑过的滑梯

徐敏　镇江 80后

我生于一座旅游城市，公园对于小时候的我是挺模糊的概念。公园？嗯，应该就是一座山，以及一座山，还有一座山吧。金山，白蛇淹城；焦山，江心一屿；北固山，刘备安营；南山，有米芾招隐寺……

小时候学到关于家乡的地貌描述是“长江中下游丘陵地带”：长江，多水；丘陵，多山。不光山和水多，历史故事还多，公园的建造，全赖于以上种种。

“你看这个山洞，应该是通到杭州断桥的哦，当年白素贞就是从这里出来和法海斗法的哦，斗了三天三夜，最后水漫金山啦！就是这个洞哦，厉害的哦！”一个乱石嶙峋的景点，奶奶说得眉飞色舞，我听得信以为真。

“今天我们去焦山玩，坐大轮船，大轮船很好玩的。然后去看碑林，看看人家的字，你的字太丑了，要好好练练。”坐轮船的体验是真的新奇有趣，滚滚的江水流经千年，我从上面摇曳而过，这和坐公交车是完全不一样的。

“这块是试剑石，你看到上面的大裂缝没？刘备劈的，你看看……”我瞪着那块石头看了好几秒，始终不明白有什么好看的，就奔向下一个喜大普奔的景点——“刘备招亲”。

所以回头想想，我小时候有记忆的所谓公园，都是历史人文故事满溢的山山水水。也不是没有城市里的全人工公园：卵石游园路，郁郁葱葱的植被，肩并肩、手拉手的栅栏，绝对不能踩踏的草坪，大红大紫的花草，名贵盆景园，大象滑滑梯……但相比“长江中下游丘陵地带”所带来的旖旎风光，总觉潦草。

孙川　淄博 85后

胜利山公园是我对公园最初的印象。在很小的时候，父亲说要带我去看飞机，我很期待，第一次见真的飞机就是去的这个公园，那是一架战斗机，满园的树很小，显得飞机很大。后来再大一些，十岁左右的样子，可以跟小伙伴或者亲戚家的弟弟疯玩疯跑了，喜欢去公园的山顶旱冰场，一块五毛钱玩多久已经不太记得了。晚上治安不太好，我们一进公园便会大声吹牛皮，话题围绕着我们是武校的，功力有多深厚，觉得这样可以让坏人忌惮，其实只是害怕我们好不容易要来的一块五毛钱被抢。再后来的记忆是高考完，和高中的兄弟们跑来这座公园，躺在草坪上谈未来，谈理想，后来各奔前程。听说这个公园后来翻新了，我一直没有再去过。脑海里现在有一个昏暗的画面，很想画出来：一块坡地，很小的树，残破的飞机，还有两个满头大汗但笑得开心的孩子。

许钦　常州 90 后

小时候的公园是没有现代公园的设计手法和理念的，但有着一种独特的质朴的并且带着时代印记的味道。父母平时拍照不多，但和幼时的我在公园里的合照却很多。每每翻开相册就会发现，公园场景是最常规的背景，构成了童年记忆里抹不去的阳光和翠绿。近些年，很多幼时的公园历经了停业关闭或改造升级。现在的公园有着更好的游线组织、空间体验和材料工艺，但某一刻看到某个老公园里掉了漆的，本应颜色鲜艳却褪了色的，款式老旧的游船时，心里会咯噔一下，不禁想起了小时候那首歌——“让我们荡起双桨，小船儿推开波浪。”

潘昭延　东莞 90 后

小时候去市区人民公园和郊外的郊野公园。对人民公园的印象比较深的一个记忆点是公园有一片很简陋的动物区——不能称为动物园，只是围起来的一片下沉区域，有假山，养着猴子，大家都去扔面包、扔水果，小孩子很爱去投喂；另一个记忆点是公园里的洞穴探秘，是收费景点，非常阴暗，里面打着五颜六色的灯，还有很多西游记中神仙鬼怪的雕像，很恐怖，简直是童年阴影。公园那时候还没流行广场舞，经常有老人运动，高大茂密的树下一群人打着太极，播着配乐，清净的音乐余音袅袅，极具画面感。

郊野公园比起人民公园显得非常开阔，我喜欢和小伙伴跑动、打闹。周末几家人约着去野餐烧烤，一去就是一天。

王琪　徐州 90 后

小时候和爸爸去市郊的泉山森林公园，我们喜欢爬野道，带着路上买的凉菜、包子和一次性筷子，沿着弯曲幽秘的小径，有点冒险地向上探路。走到一片桃花林，我们就地而坐，开始享受带来的午餐，意外地好吃。

泉山森林公园也是小学春游常去的地方，“鸟悦园”是最受大家欢迎的片区。里面好多种类的鸟被高处的网围住，玩尽兴的同时，我们也会替鸟儿担心，在比鸟笼大得多的网兜里，它们会更开心一点吗？

李明峰　常德 90 后

我 6 岁前去的“公园”，是只需两块钱门票就可以畅玩一天的地方，是只用哭声就可以得到棉花糖、泡泡机和无尽宠爱的地方。在我 6 岁后，“公园”不要门票了，对于公园的记忆，也变成了五块钱三圈的“电瓶车”和爸妈棋牌游戏旁的勇者乐园。再大一些时，“公园”成了瞒着爸妈谈恋爱的地方，是大晚上偷偷牵手初恋的避风港。现在，公园除了花草景观，没有了往日孩子们的欢笑，取而代之的只有斑驳的旧设备放在一旁，嘎吱嘎吱地发着声响，倔强地倾诉着曾经的荣光。

一些老公园的“标配”

张思雨　大庆 95后

小时候印象最深的公园叫作“绿化园地”，我们叫它“绿地公园”。里面有人工湖，可以游泳、抓鱼，还有鱼塘可以钓鱼；有大秋千在人工湖边，荡秋千时可以看人工湖的景色；有篮球场可以打篮球；有栈道，我最喜欢的就是林中栈道，因为可以让我离树冠很近，可以随手抓到树叶和树上的果子。

任一鸣　汉中 95后

小时候对公园最大的期待就是划船，到现在也依然很喜欢坐船，想和水亲近。也喜欢去广场和树林与同龄的小朋友捉迷藏，做过一件很好笑但也很危险的事情——和小伙伴用砖搭起一个小炉灶，里面烧了报纸和树枝，买了红薯烤着吃，结果火烧大了，忙用水扑火，产生很多浓烟……以后，去公园都老老实实、不敢“胡作非为”了。还有一件很喜欢的事情是和爸妈一起在公园（家乡的自然风景区）爬山、放风筝。家乡的城市公园不是很多，但有很多自然的山地和山路，所以就会经常去爬山登高。还有就是去公园坐小火车。游乐设施是我的最爱，但是小城市的游乐设施类型很少，也没什么创意，所以总是觉得没什么意思但是又很期待。

郑宇璐　舟山 95后

童年常去的公园挨着市里的妇幼保健医院，有好多打着吊瓶的小朋友和爸妈一起在公园里。公园有很多儿童游乐的项目：游园小火车，架在水上的蹦床，可以捞金鱼的水池，可以做沙画的小店，小小的动物园和各种假山爬架。印象最深的是一个大象的雕塑，小时候每次都要爬上去玩。去年公园改建，很多东西都拆了，大象被保留了下来。最近再去看的时候，才发现印象里巨大的大象雕塑其实并不大。妈妈说，不是大象变小了，是我长大了！

儿时有很多照片都是与公园中的动物雕塑合影

20 世纪 90 年代出生的人，对公园的记忆开始多样化，不知是不是城市生活本身开始多样化的缘故。然而，公园也开始了某种程度的趋同，比如电动游乐设施的介入。

早年公园里流行的电动游乐设施在当时很吸引人

楼思远　义乌 90 后

小时候常去家边的稠州公园，那时觉得这公园好大，能玩一整天。回国那年故地重游，令我惊叹的是公园十几年来几乎没怎么变，熟悉的设备、熟悉的味道。童年的时候就记得那种潮潮的味道，尤其是里面的小湖和假山附近，真不知道是这公园维护得好，还是一直没怎么维护……长大之后感觉这个公园挺小的，但是真心“五脏俱全”。

印象最深的是里面的一些游乐设施，走在公园边上还没入园的时候就能听到里面坐过山车的人的尖叫声，由于周围有着茂密的林冠，只闻其声不见其人。付完五元门票进入公园，碰碰车这个当年游乐园的“大杀器”就在眼前，可见其在公园的霸主地位，再往里走就有空中自行车、小湖游船等。

童年时候的幸福阈值真的很低，这样一个小小的公园就能玩得很开心，长大了虽然不会觉得玩一个游乐项目有多开心，但是自己有这样的童年经历去回忆也是很幸福。

贺肖淇　平顶山 90 后

我生长的城市因山得名，叫作“平顶山”，城市北部有一座仿佛被削了顶的山，山顶平如砥，而山顶公园便是我小时候最喜欢的去处。去公园要爬 666 级陡峭的阶梯，即使是现在看来也会因恐高而感到心颤，但孩童时期总归是要大胆些的。可以骑的小马驹、便宜的游乐场、秋千、滑梯……承载了许多放学后的时光，我最爱的还是和伙伴一起比比谁先从山顶找到自己家的位置。近年再去山顶公园，台阶上加了防护栏杆，小马驹依然在，没有再去便宜的游乐场里玩耍，但还是会忍不住在山顶上仔细辨认家的位置。

伏宝君　天水 95 后

出生在北方小城的我，现在回想起童年对公园最深的记忆点，便是小区附近公园门口的那棵大柳树，它见证了我和发小多半的童年时光：有捉迷藏时候嘻嘻哈哈的笑声，有玩弹珠时候跌宕起伏的喊叫声，也自然少不了被长辈拎着耳朵回家的场景。公园里面有喷泉广场（从来没见过喷水）、篮球场地，还有一大片松树林。因为是开放公园，所以基本没有设施维护。尤其到了冬天，晚上公园松树林静得出奇，偶尔还会有流浪汉寄宿，加上泛黄闪烁的路灯，可谓是我童年的噩梦了——平时在家不听话时，妈妈就说要把我送给公园流浪汉……

后来搬家了，破旧的老公园也翻修了。后来又去过一次公园，看见那棵大柳树还在，但是已经用黑色的铁围栏围起来了，树上挂着文物古树的牌子；以前的喷泉变成了凉亭，老人们在里面纳凉、下棋；树木得到了修剪，给人很整齐、明亮的感觉；流浪汉当然也不复存在了。我的童年随着公园的翻修成了永恒的记忆。

方乐饶　中山 95后

在我小的时候，我的舅舅经常带我去公园玩，他也很爱给我拍照片，家里存着好几本舅舅拍我在公园里玩的相册。这些照片里的绝大部分，我都是站在路牙子、花坛边缘，或者更高的是站在水池沿照的。我对这个印象特别深刻，还专门拉爸妈、舅舅一起讨论过这件事情。他们回忆说，我小时候去公园的时候，不爱走大路，总爱一手牵着他们，或“爬上爬下”，或走那种细细的、高起来的花坛、水池边缘。具体是为什么我也不理解，后来想有可能是觉得这样像在走独木桥，特别好玩；也可能是小时候特别渴望长大，觉得虽然自己个子小，但站得高一点，就可以够上大人们的高度，变得“像大人一样”了。

鲍丽霞　义乌 95后

我姐的公园记忆是她小时候去城里补完课就会去这个公园的湖边坐坐。我好像没啥公园记忆，童年关于户外场所的记忆大多与田野有关：春天到处都是紫云英，我和姐姐在花海中尽情追逐、嬉闹。

义乌建设比较早的一个公园，多年以来都收2元门票，我读大学之后又去过一次。公园以湖为中心建了一些仿古的建筑，可以乘坐手摇船。公园闲置的空地大概是分区域出租给个人经营，在娱乐设施都很缺乏的年代，公园里却有不少那个时候很新潮的游乐设施，比如跳楼机、碰碰车、蹦床等，收费大概在10~30元不等。印象很深刻的是，有一条架起来从香樟林冠中穿过的脚蹬车轨道，我大概20岁的时候第一次去玩它，被它超越那个时代的“亲自然”理念小小震撼了一下。

2018 年张唐景观设计的阿那亚儿童农庄

看到大家对公园的童年回忆，承载的是每个人不同的生活经历，虽然公园的内容有相似之处。

公园在城市生活中到底扮演了什么样的角色？小孩或者成年人，谁最需要公园？以什么方式需要？公园需要设计吗？人们享受的到底是公园的什么部分？假设一个成年人，没有小孩，生活圈（家、工作）附近没有公园，他还会去“逛”公园吗？

2021 年 11 月，上海市公共绿地建设事务中心公布的一项关于环城生态公园带建设的调查显示：在 2.6 万多名受访者中，六成以上的 25 岁以下青少年很少去公园。数据还显示，游公园频率与年龄正相关，即年龄越大去公园的频率相对越高。[12] 城市公园的吸引力对年轻人不大，应该有各种原因，比如：在电子时代，人（特别是青少年）对虚拟世界的迷恋；公园的建设有时代局限；数量、密度有限，可达性不强；在公园可以从事的活动或运动的项目有限，更加偏重中老年对静态养生的需求等。

"旁边公园"

住在上海淮海西路 343 弄十年，一墙之隔有一个小公园。与该公园一墙之隔的周围还有不同年代的新、老公房，胸科医院，学校。公园的公共入口只有一个，在虹桥路大马路边上。公园小且隐蔽，除了去那里不方便（需要绕到大马路上的主入口），实在是老人健身、保姆遛娃、家庭聚会的好去处，我和张东常常约朋友带小孩几个家庭一起在公园里野餐小聚。有一个伦敦来上海暂居的家庭，周末我们常约在一起逛公园，一次逛过宋庆龄烈士陵园后，孩子妈 L 说，以后回伦敦她想读博士，研究方向是城市公园。"中国的公园太有意思了。"她说。大家的使用方式、植物的种植方式，她观察了很久，人们在公园的行为让她着迷。

很多习以为常的现象，经"外人"提醒，让我突然觉得"喔，原来这是不一样的文化"。比如老人家们约在公园里吹拉弹唱，常常自带扬声器，将自己不够专业的声音润饰、放大；集体健身在公园里非常普遍，各式各样的群体行为，比如交际舞、广场舞、太极、气功，都可以在公园进行，大家会默契地遵守各自的时间表和用地范围。这些显然和文化有关。这样的文化是怎么形成的？如果说公园这个事物是舶来品，它在中国的成长过程中如何形成了现在的样子？

下面一篇"关于我家'旁边公园'的历史地理调查"大约开始于 2013 年，经过 5 年的体验和观察，最终得以完成。

一、

回国前，是朋友浩青帮忙先在上海租好的房子。当时他问，你们租房的要求是什么？我们想了想说，旁边最好有个公园。这就是我家“旁边公园”的来历。

番禺公园尺度亲切，非常适合日常使用

“旁边公园”是个社区公园，其实叫“街头绿地”可能更恰当——很小，500米兜一个圈。虽然就在我们租的房子马路对面，从窗户看得清清楚楚，但是要过去需要前行200米过个十字路口，或者后行200米过个红绿灯。第一次去，我们指指点点：说怎么都是烂泥，为什么树下不长草；说没有空间。这里，大家自己开辟场所锻炼、娱乐，方式各具特色——老太太们爱扎堆儿，环肥燕瘦地跳着舞；老头子们各自为政，或抱棵树撞来撞去，或躲在树丛里高声呐喊。

看了太多更加糟糕的园林绿化，我们的审美开始越来越包容，“旁边公园”成为目前看来还不错的地方。因为园子小，级别低，没有影响力，就相对疏于管理。由于管理部门的园艺水平参差不齐，疏于管理的反而比那些精心打理的显得更好。于是，买房子的时候，我们干脆搬到马路对面挨着“旁边公园”了。

婆婆过来在公园兜了一圈，听说这个公园原来是个公墓。也就是说，我们住的这个房，要么是在坟地上，要么是在坟地旁。我心里不以为然，上网搜索上海老地图。经过不懈努力，终于从不同的资料来源找到上海老地图，从而查证“旁边公园”——番禺公园在1944年的时候真的是个公墓！

继续我的调查。有网络小说提到虹桥公墓在1949年以前是埋葬平民和处决犯人的地方；有网络博文讲在长江上被大炮击沉的英国皇家海军远东舰队“紫石英”号上的17名阵亡官兵迁葬于此；而百度百科上对此地的记述是：

“紫石英事件中，除了部分紫石英号的死亡官兵因军舰受困于长江而进行海葬仪式外，有23名阵亡舰员（紫石英号1名、伴侣号10名、伦敦号12名）下葬在上海的虹桥公墓。中华人民共和国成立以后，阵亡官兵家属多年来一直希望有机会来上海扫墓。后来虹桥公墓被毁，据推测其位置现在位于上海徐汇区的番禺绿地。2005年，时隔56年，番禺绿地迎来了第一批紫石英号事件中阵亡官兵的凭吊者。”

结论很简单：“旁边公园”曾经的确是坟地；里面不仅有“中国鬼”，还有“洋鬼”。

二、

中国几千历史，脚底下哪块地儿没埋过死人呢？反正我也不怕鬼，这事儿就这么撂下了，其实心里还暗暗地为“旁边公园”有点儿历史而兴奋呢。

私下里，我们把“旁边公园”当成自己的私家花园。因为除了一个主要入口，小区和公园之间还开了一个有门禁的人行门，大家进出公园非常方便。公园的地势比小区高，所以先有一段曲径通幽的台阶要爬上去，两边杂草丛生，四季常绿，自然交替，每到早春，满坡开满二月兰（二月兰是自播的，所以每年开得都比前一年多）；然后，穿过一片石榴树、紫叶李，步入人工打理的公园。

大概因为曾经的墓地历史，公园中间有一块鼓起的小丘。一侧是草坪，上面保留了几棵大树，其中一棵老柳树上面经常爬满大大小小的孩子；另一侧是杨树林，瘦瘦长长的，颇有风姿。有时我的小孩会爬到小丘上，透过杨树林，说要眺望一下美丽的风景——虽然风景不远处就是栉比鳞次的楼房。

疏于管理的公园后门与小区有个便捷通道，每年初春开满大片的自发生长的二月兰

现在来小公园的人越来越多，每天早晨散步道上像游行一样，打拳、舞剑、跳集体舞的群体也越来越多。虽然我成长于参加整齐划一的集体活动的时代，但在这方面却极其个人主义，每每看着大家像牵线木偶似地做着一样的动作，就禁不住驻足观看。我的两个男孩对此比较漠然，冷冷看几眼就跑了。

小环境虽好，毕竟还是要受大环境影响。因为公园太小，基本起不到空气净化的作用。当外面$PM_{2.5}$浓度很高的时候，里面也在劫难逃。绕公园走一圈，随之闻到飘来的各种味道：汽油味、炒菜味、医院药水味。

有总比没有强，我们还是越来越喜欢这个小公园，喜欢它的朴素，少修饰。山丘上的草坪，只要没人管，像以前我们上学时景观系教授沃皮（Volpe）说的“不除草，不打药，就是自然”（No mowing，no fertilizing，it is natural）。蜜蜂、蝴蝶，野花繁复，永远郁郁葱葱。

即便作为一棵树，待在公园里也远比待在马路边强。每到春天，公园里的树叶是清新的。就算是常绿树，早春时也忍不住换换老叶子。那些马路边的植物叶片常年积着厚厚的污垢，为人类分担着汽车尾气中浓度过高的二氧化硫（SO_2）——一种有生命而不能自主的悲哀。

当然，公园里的树也都是有生命而不能自主的，有时候我们会发现某棵大而漂亮的树被挖走了。可怜的树，我经常想，也不知道新去的地方覆土够不够，是不是被种在了很多建筑垃圾里？根据我的经验，如果施工条件简陋，移植技术低下，这种移植的大树通常都种不活。

三、

这篇“调查”，我写了很久。一直不知道怎样结尾。一方面，小公园一直在，因为每天人的不同，新感想就不断；另一方面，太普通的事，没有戏剧性，不能语出惊人。那么平淡的事就平淡地写吧。平淡的结尾也是结局。

翻看当时的生活照片，记录最多的是自家小孩或邻居小孩在大柳树上的各种爬姿。手脚麻利的小孩几下上树，还可以爬到更远的树干上炫耀（有一条大树干横向伸出去很长），于是胆小的小孩开始羡慕，要求大人帮忙，撅着屁股努力爬。城里长大的孩子，手脚不是特别麻利，却大多温文有礼，所以即使人多的时候，也极少出现吵闹争执。有时候一树的孩子，挤挤挨挨，甚是壮观。

孩子们最爱番禺公园里这棵老柳树

小公园在虹桥路上的主要入口处是一块广场式的硬质地面，中间大大的花坛，剩下一块小小的硬质场地位于公园中间两条环路交会的地方。原本预留的停车场，由于也停不了几辆车，不能真正满足社会需求，就安装了健身组合器械。有了一定面积的硬质场地，人们可以分成不同的队伍跳广场舞或者打羽毛球，但是很多人的活动范围并不局限于这里。即便小树林里种满麦冬、吴风草这样的地被，尽量不让人进去，还是有泥巴路被踩出来，林中空地或者几棵大树的周围地面也经常是光秃秃的，被开辟为个人健身的场所。随着人们的日常使用和园方不断的补种、修剪、移栽，小公园一点点被生活磨砺，人和自然彼此和解、退让，成功地融为一体。

多少年以后，如果让我的小孩回忆童年，这个伴随他们成长的家门口的小公园留给他们的记忆一定和过去人们小时候的记忆不一样——因为太日常、普通，小公园可能只是伴随他们成长的一个生活场景，而不是什么稀罕的、独特的出游目的地。如果我们假设公园是一个舶来品的说法在学术上成立（据说，清末新政有5位大臣出洋考察报告的4个新鲜事就是博物馆、图书馆、公园、万牲园。学界也有不同的声音，认为清朝时期对公园的“落后”认识不能代表中国“公共绿地”发展的整体水平。）[13]，早期因为各种原因在中国社会中的地位显得特别，从而成为仅供少数人享用的场所，那么它慢慢在社会发展和演替的过程中逐渐融入人们的生活，如今在中国社会中已经变得日常。

小孩在爬树过程中学会了注意安全

我们管这样的家门口的公园叫“市政公园”——以一条或者主次几条路为主导，几块小场地为主要空间骨架。它一般会有些标准配置：入口一般要有个广场，不管有用没用（现实中主要的使用是跳广场舞），大公园配大广场，小公园配小广场；停车位，即使不以实际使用为目标，还是必须要设置，虽然现实中多改为他用；门口或围墙上要有大标牌“某公园”；公园要有景点，景点要配名字，名字要有主题，主题要呈故事线；政府主导建设，政府拨款维护（城市绿化部门执行）；公园面积大的可能挖湖堆山，规模小的基本只能修一条路。在绿化率指标的控制下，加上维护的需求，大部分区域是人不可以身入其中的种植——难怪我们说“逛”公园，的确和逛商场的行为相似，都是边走边看，只是看的东西不同；难怪逛公园很累，即使公园里放再多的座凳，人流量大时也不够休息。它的功能是日常的，修建和管理是相对粗糙的，在城市规划的分类和界定上也是相对“低级别”，不被重视的。它最大的特点就是随着时间的磨砺，处处呈现着人使用的痕迹——林中被踏出来土路，老树干被反复抚摸、碰撞得光滑，硬地面用于打羽毛球时的画线……

初夏的周末，我们一家人经常在番禺公园某个角落野餐

市政公园

在本书，“市政公园”有特定的含义，与现有规范上定义的逻辑不同，在这里，定义的出发点是人们最终如何使用。“市政公园”因为其设计、建造的逻辑一样，呈现的空间结构类似，人们对它的使用和体验基本是雷同的，而其之所以被冠以“市政”的头衔，往往是因为其普通的“出身”——不是特别重要的地段，没有特殊的背景，基地本身没有独特的景致，也没有历史的、文化的古迹需要保留、呼应或者挖掘成为“有价值”的“景点”，它只是一块简单平凡的、被“代建”过程抹平了过往的城市用地。市政公园没有特殊“背景”的好处，就是它的设计可以完全从使用者出发，围绕服务社区居民的使用功能而设计，为未来做设计。

近年由于市民需求或者政策的导向，在上海一些新建的市政公园里会出现开放草坪供大家支帐篷、野餐，一些湿地花园的雨水处理等生态概念设计，呈现了以社区日常使用为出发点的设计思路，相信这是为未来公园可以呈现多种面貌所做的努力。在上海、深圳等城市，不乏一些境外景观公司应邀设计的公园绿地，以期为城市发展更新过程带来新鲜的景观语汇，比如大的几何地形、树阵。强烈的视觉冲击力突破了中国传统景观设计思路，给大众带来了新鲜的感受。有些设计创新，形式上来源于与我们不同的设计文化和社会背景，当它换了一个社会环境，这些“新鲜”的形式，在使用上往往与当地民众达不成共识。而始终缺乏公共参与的社区民众，其公共意识也不能在日渐发达的公共生活中得以发展，他们在如何尊重并共享公共空间的过程中始终带有将公共空间“私人化”的倾向。公园这个社会属性强烈的“设计产品”，在我们的文化中往往呈现自上而下的表达：政府引导市民生活的新风尚，或者强调传统，或者要求国际化。缺乏根植于本土的意愿生成过程的公共服务设施，而把“拿来”的产品消化或者再度改造的过程，就像要把一双新鞋穿舒服，脚和鞋都要作出一点牺牲。有些出自强烈的自上而下意志或者“舶来品”色彩浓厚的公园绿地，往往要经历多次改造，才会慢慢“合脚”。比如有些城市公共绿地里的户外攀岩和滑板区域，在设计上都是新鲜的语言；但是这两种在国外普及的具有高风险的户外运动区域，要求有高度的专业防护，在国内作为公共开放项目就有很大的安全和运营方面的风险。类似滑板这样的运动，在国内不仅没有相应的详细建设标准和规范，也没有一定数量、正规的社团来运营，导致建成后几经改造，降低运动的难度系数成为唯一保证使用者安全的办法。

越来越多的“生态园”作为新的景观元素出现在现代公园里

水生态景观的季节性反差很大

生态公园里水生植物在冬季的维护

水葫芦一旦蔓延开可以布满河道，需要花大力气清理

粗放设计和施工的超大尺度生态园

市政公园经常看到的“杀头苗”

从以上公园的形成上看，方案设计层面上的各种努力只是完成了一个整体公园项目的百分之二三十。其后，施工图的绘制要由本土有资质的设计院完成，而施工招标往往是低价竞标。因此，最后建成的“市政公园”常会面临大同小异的细节粗糙、维护困难等问题，甚至是“市政公园”里的花草树木，也是苗圃里的“市政苗”，具有品种单一、价格便宜、便于非专业维护等特点。这些以生产“市政苗”为主的苗圃，需要支付苗圃场地的租赁费，如果追求品种的多样化而不考虑市场需求，就会入不敷出。产品无法提升导致苗圃始终处于经济链的底端，市场上流行种什么就养什么。苗木的“生产”和机械、电子产品的生产不同，苗木成长需要时间，它们有各自的生命周期，使用一些违背植物生长规律的人工手段，就会导致奇形怪状的“杀头苗”“嫁接苗”等不健康的苗木状态。更糟糕的是，一些被市场经济原则淘汰的原生品种，极具生态价值的本土植物资源可能会因此逐渐稀少甚至永远消失在人们的视野中。

无论上海市区还是郊区的公园都流行支帐篷

城市公园的多样性不是体现在城市规划分类中（如文化公园、儿童公园、体育公园等类别）。所谓的“市政公园”，貌似一个简单普通、没有特殊意义的公园类型也应该具有多样性。它的多样性不是由人为赋予的文化、历史等背景带来的，而是由居民、社区本身丰富多样的社会生活需求产生的。设计师需要意识到，当“普通”的市政公园因为人的使用不同而“五花八门”的时候，就不再普通，它还同时具有在社会、环境方面可持续性生长的可能——在这里，公园成了一个有机的生命体。

我国目前“市政公园”的建设与管理方法，从规范的角度说，条例要与时俱进（下面的章节会深入探讨），技术指标需要务实并有弹性。比如规范中的绿地率不是保证健康生态环境的核心，其核心是对雨水的处理和地下水的补充（从区域或者城市洪患防控的角度看，任何一个尺度的城市公园绿地系统，都可以不同程度地起到蓄水、泄洪等生态调节作用）。从管理的角度说，市政公园不是人民负责使用、政府负责管理和维护的关系，而是政府牵头建设，大家共同参与维护。多样化的设计可能会带来管理上的精细化需求甚至维护成本的提高，但是依据维护水平或方法做设计不是解决维护问题的唯一途径。城市公园需要的是使用者更深入地介入，更多的社区参与、市民参与；让民间自然组织机构介入，从事一些长效的、兼顾科研和环境教育主题的环境改造活动。比如在我们设计的杭州良渚劝学公园，里面的社区菜园以及互动浇灌系统，后来经过社区管理者和居民的多方合作努力，成为社区自然教育组织教学和活动的中心。

上海青西郊野公园里，在稻田中举行的户外亲子活动

– 访谈：上海的公园

*受访者：李莉**
采访日期：2022年9月7日
文字记录　L：李莉，T：唐子颖

T: 政府在管理、运营一个公园时，一开始有什么策略、规划和经费上的考虑?

L：早些年那些大的公园少嘛，就是新中国刚成立时，公园很少，全市仅有14座，大都在以前的租界内或者是收归国有的私家园林。1950年，市政府决定将“跑马厅”改建为“人民公园”，标志着公园为人民所用，人民在新中国要当家作主。20世纪50年代随着工人新村的建设，配套建设了一批公园。

以前是局里面有一个公园管理处，代表政府行政部门。在计划经济时代，公园管理是市里面统管，建一个管一个，那时候没有市管、区管公园的分别。

建公园的出发点是让老百姓除了很好地工作外，也要能够有比较好的生活。我理解以前建公园主要是为了让老百姓在一个好的环境下休闲游乐。来公园的人，我们都叫“游客”。以前去公园都是要去活动一天，划个船呀，坐个滑梯呀，然后在里边看看花，要花一天工夫，是闲暇时一年去一两次或者最多一个月去一次的活动，带小孩、老人玩玩的那种。所以去公园是件大事情。后来上海市每个区至少都会配备一个大公园。

比如类似于20世纪50年代建的那些，工人新村里面的长风公园、杨浦公园、和平公园，面积也都比较大。还有一部分公园是新中国成立前留下来的，租界时期外国人建的，然后进行了一些改造。像复兴公园、外滩公园，相对来讲规模略小。早期没有社区公园这个概念，没有那种直接为老百姓日常去走一圈锻炼的小公园的概念，公园对老百姓而言，更像是个景点（景区），时代不同嘛。

改革开放后的20世纪80—90年代，国家要建公园，一方面是钱不多，另一方面是土地没有进入大开发的时代，没有很好地去进行梳理和规划，但老百姓有需求，需要有身边的公园。所以当时也建了一批小的公园，差不多两公顷到四公顷（的规模）。小的公园比较集中，在杨浦、普陀、闸北等劳动人民集聚的地方，像杨浦的内江（公园）、松鹤（公园）、延春（公园）、工农（公园）、民星公园，普陀的宜川（公园）、管弄（公园）、海棠（公园）、真光（公园）、梅川（公园），闸北的彭浦（公园）、岭南（公园）、三泉（公园），等等。（这些）其实就是社区公园。

徐汇的东安（公园）就是在居住区旁边类似于我们现在讲的社区公园的雏形。那时候不叫社区公园，虽然小一点，但也是“麻雀虽小，五脏俱全”。后来差不多20世纪90年代末，以延中绿地为标志，开始建设开放式的绿地。一大批开放式绿地都成为新时代新形态的公园。以前一说到公园，在人们的印象中就一定是围起来的，一定有专门的一个单位在管。以前一个公园就是一个单位，后来从规划上来讲，除了那些大的公园以外，日常小的但老百姓能够方便地使用的更要做，开放式的更需要。

公园以前都是收费的，后来有一个阶段推行免费，最早就是把那些小的公园免费开放。它的服务半径比较小，就是社区的老百姓去。然后差不多2003、2004

---

* 李莉，曾任上海市绿化市容局公共绿地处处长、市绿委办秘书处处长。

年，才推行城市综合公园的免费（开放），像人民公园、长风公园、复兴公园、虹口公园、鲁迅公园。上海社区结构比较复杂，就是以前讲的工人新村，老公房相对集中的社区。后来是每建一个社区，几乎都要求配套建一个公园。条件不够的，在社区公园的再下一级建游园式绿地，就是现在讲的“口袋花园”，差不多1000到3000平方米（的规模），那时有一个叫“公共绿地500米服务半径”的目标，就是希望居民出门500米范围内就能到达一片游园式绿地。

公园绿地要实现“500米服务半径的全覆盖”，是提过这么一个目标。从规划建设上，随着从“见缝插绿”到“规划建绿”，各方面不断努力，现在来看，应该说基本上达到（目标）了。宏观的背景下，老百姓对于好的生态环境，对于美好生活的追求是越来越强烈，所以从政府的角度来讲，党的十八大开始提生态文明，提出要不断满足老百姓对于美好生活的不断增长的需求。所谓“不断增长”，意味着这个目标是无限的。公园数量有了，质量要上去；（公园）质量有了，各方面的功能、便利的条件要上去，各种服务质量也要上去。

如果让我从政府的角度来讲，公园就是一个小社会。园林本身也是一个边缘学科，它既是一门科学，一个有技术的东西，也有社会学人文的东西，也有艺术的东西，很复杂，是一个综合体。对于公园的日常管理、运营，也有很多需求。公园需要不断完善，不断改善，这个东西好像永远没有底。比如说以前公园只要有一个就蛮好的，然后要有一些游玩的设施，有一些场所，人们既可以在里面安静地欣赏（景色）、读书、交流，也可以有一些其他活动。我记得，以前几乎每个综合公园都必须按照公园设计规范达到一定的规模，都必须要配备儿童游乐场地、配备一定的设施。后来随着全民健身运动的发展，很多健身设施也建到公园场地。这是个不断发展的过程。

2004年开始，是第一轮大的公园改造，就是在我们手里开始的。那时候绿化管理处跟公园管理处合并成公共绿地处。以前公园是相对封闭的，它的配备相对来讲比较全，所以另外有一个部门管理。那种管理跟开放的管理是不一样的，除了绿化养护差不多，保证树木健康生长、保持环境为人所需差不多外，公园的安全管理、收费管理都不同。以前封闭式绿地是没有运营的，因为绿地里面的构筑物比较少，开放式的3000平方米的绿地或者是后来那种40 000平方米的绿地设施更少。

综合公园就是达到10公顷以上（面积）的，配备比较全，符合老的公园设计规范，包括公园管理条例规定的。后来公园免费开放，甚至于有些公园完全敞开，这些做法其实在原有的规范和条例里面几乎都不是以前的公园发展目标。所以，同济大学刘悦来老师他们弄的那个社区花园，要让老百姓来参与，直接去建，这是一个时代的产物，这个功能不在公园原有的发展目标里。

随着社会的发展，包括市场经济，有一阶段也有那些不是政府建的公园，而是开发商代建。住房和城乡建设部出过公园分类标准，后来变成公园绿地分类标准，把“公园”作为一个形容词，与“绿地”放在一起。

后来的公园就不以有没有围墙、收不收费为标志，而是看比如说是不是有完整的道路体系，是不是有完备的以植物为主体构成的生态环境，是不是有设施配备，是否利用这些环境、设施来为老百姓服务，来提供一些多元化的功能。我们比较提倡的是，公园要区别于其他体育场所，区别于其他文化设施场所。从土地的规划上来讲，公园绿地是属于绿地的一种类型，绿地有绿地的规划、分布、规模、位置等要求，而体育场所从规划上来讲，算一个单位，算一个社会场所，其配套的绿化只要达到30%就可以了，文化场所也是一样的。

这几年的一个趋势，就是国家对文化、体育的发展，尤其是对群众性文化、体育的发展越来越重视。当然这跟老百姓追求美好生活的关系也是一致的。除了原有的文化体育场所外，就像上海这种高密度的城市，从土地供应上来讲，也是有点无法满足。在新发展的公园或者老的公园改造当中，希望能够赋予其更多的功能，就是我们现在讲的所谓“公园＋”。以前我们只做“加公园”的事情——不断地去增加公园，增加供应方式，现在靠建设用地、靠规划上给的已经不够了。怎么办呢？那现在有的郊区开始做什么呢？“打擦边球”。比如说一些原有的林地、原有的一些农地，能够让老百姓去游玩，让老百姓有一定的环境感受，就像现在金山区的“花开海上”，做成的农艺公园。

以前对什么叫公园是有严格要求的，要上公园名录，要根据绿化部门出具的认定才能上公园的名录，所以以前公园对外公布的不是很多。两千零几年的时候一直是100多个。每年增加三四个，不会很多。然后从2015年开始有所改变，能够上公园名录的不再限于刚才说的这些。土地性质好像也有点变化，然后包括管理的主体，投资的主体更是多元化。

我个人感觉，对老百姓来讲，这种场所当然是多一点更好；但我认为真正叫公园或者说能够让老百姓达到一定体验标准、一定水准的享受，还是应该要有一定的要求。当然，一些老的公园，随着时代的发展，有点不符合老百姓的需求，但公园改造一直是在滚动式地做。后来建的有些公园客观上我觉得管理有点跟不上，管理水平和功能发挥的效能参差不齐。

T：主要是什么原因呢？以前政府统一管理的时候是不是专业水平会高一点，还是经费会足一点？后来为什么管理就差了呢？

L：一方面是镇级公园的建设勉强。大都把骨架先建起来，种一点树、有一点路、有一些椅子、有一点水，外貌有点像公园的样子了就着急开放，但内在的很多服务上、运营管理上的要求可能都达不到，就是资金也达不到。比如人员的职业培训，以前是要认证，每年要检查的，对公园管理公司也要考核。再要讲到运营、管理的体制，早些年都是市里面直管——“公园管理处”是一个大单位，不像现在只是一个政府的职能部门。公园管理处是一个100人，后来发展到两三百人的“大处”，它把全市的公园都管了，甚至工人也归它管。

20世纪90年代后随着公园多了，全市的公园靠这么一个大单位肯定不行，后来就把这个单位拆了，把公园的管理权也下放。除了一些专类的公园，比如说动物园、植物园、上海五大古典园林留市里面管，其他全部放到区里面。市里面要做的事情现在我们叫“行业管理”。市里面指导区里面，或者说考核区里面。用什么来指导考核呢？就是用标准规范培训人员、上岗培训类似这种，包括日常的指导。

有一个情况就是“政绩公园”。有一段时间，大家都觉得公园是个好地方啊——有地、有场所、有好的环境，就出现了公园里面的建筑或者有些场所，被小团体、被少数部门占有了，不为老百姓日常服务了。这样的情况在有一段时间很多。

还有一个情况，以前叫“以园养园”。政府没有钱，没有日常运营的费用；但是，公园绿化养护要钱，建筑维修、上下水电维护要钱，请保安也要钱。好多区的财政力量是不平衡的。那么在“以园养园”的情况下，很多公园沿街的围墙开店，尤其是中心城区有很多，甚至于以前个别公园里都有家具市场，因为公园的日常都维持不下去了。差不多到20世纪90年代末，（政策）慢慢地开始收紧了，不允许这样了，而是进一步强调公园的公益性，进一步强调公园回归它本来的面貌和功能。当然，公园里不排除有少量的直接为游客服务的小商业，但是业态要明确。

T: 公园的经费到现在还是靠政府拨款?

L：现在的日常养护主要是政府，也有少部分经营场所。在21世纪初期的时候有一种说法叫“四分开”：政事分开、政企分开、事企分开、管养分开。计划经济时代，公园管理、具体操作的人都是政府的。后来随着市场经济的发展，就提出管理的人要跟直接操作的人分开。“管养”分开有一个好处，有些小的公园也许不需要一个管理团队，这些养护的人，也可以不限于一个公园，可以规模化、集约化。一个养护公司、一个作业公司，可以同时承接好几个公园、好几片绿地。然后公园里面的作业也分离。做绿化养护的专门做绿化养护，维修、水电、道路铺装专门有组建，然后还有经营的。就是成立了很多的作业公司。

“四分开”改革时期，植物园成立了绿化养护公司、专门的维修保洁公司、专门的运营服务公司等。这是大公园的做法，那么小的公园呢？除了“管养”分开还有“事企”分开，就是事业单位跟企业分开。作业团队都成为企业，而管理大多作为事业单位。

这里面还有一点点不一样，有些公园也有公园的管理公司。比如世纪公园一上来就是由企业管理，浦东的土地控股公司来建设开发后，又成立了一个世纪公园管理公司，负责整个的运营和管理，再招标作业企业。还有一个分离叫“政企分离”，就是政府下面直接有公司。分开是希望管理的人可以有更严格的要求。借着市场的东风把公园的管理质量提升，运营上也能够更有效能。

当然这个改革后来也面临很多问题，如人员身份的转换、买断工龄等，过程很复杂。有一个好处，就是国家大的经济发展理念的提升，对于场所越来越重视，老百姓也越来越离不开。政府很努力，一直在争取，希望能够对公园多一点投入，多一点借鉴。像我本人也是去美国学了半年、新加坡学习了三个月，到新加坡公园局，看他们是怎么管理的，怎么服务的。管理与服务不是公园管理人员、作业人员跟游客之间的对立关系，不是说我做你看或者我管你做，实际上大家相互之间要有一个互动。

我们有一个阶段就是绿化文明行业创建。以前公园限于经费，限于各种管理，基础条件不好，问题很多：厕所都是臭的，垃圾都不及时清扫，外来人员在里面过夜，经营场所的东西乱堆放。在创文明行业的过程当中改了很多，包括公园夜里面放电影给外来农民工看，策划了很多活动。后来很多的公园场地老百姓进去唱歌跳舞、打拳，为了这个事儿抢场地，相互之间有矛盾，管理上就提出“共管共治”。公园既然是全开放式，光靠专业部门管不行，一定要大家共管。包括绿化志愿者，一开始叫“公园志愿者”。公园志愿者本身是公园里面的游客，他对公园日常的问题比较清楚，因为有一些人几乎天天去公园。老居民区的住房条件比较差，公园差不多成了很多老百姓的另外一个家。他们需要用公园的这些设施，比如公园里面的厕所。

先是引入社会管理、老百姓管理——现在叫“志愿者”，后来发展为“三位一体”，就是公园管理方，游客（我们还叫游客），还有就是当地街道——我们也需要有街道的力量加入到公园的管理。再后来又到了有些公园是“五位一体”，就是把公安跟城管拉进来。以前公园里面有什么问题全是自己管。公安来跟我们说，你们公园搞那么多绿化干什么？树搞那么密干什么？树太密了可能会有违法的事。

前几年倡导市民参与，让市民参与绿化的事情，参与公园的事情。有力的出力，有钱的出钱。公园绿地的认建认养活动，一年多少钱认养一块绿地，或者一棵树。有人说钱不是政府给了，你怎么还让老百姓出？其实这个钱是放进大池子里面，归到政府统筹，进出两个口。让老百姓认建、认养，要的是一个老百姓对绿化的关注度和参与度，倡导市民爱护公园，政府主要做协调，守底线就是执法。大概是这么一个关系。

T: 我们有一个公园设计是开发商代建，服务旁边一大块居民区。这个居民区离城市的体育设施、各种公园设施距离很远，所以就把公园设计得比较综合。除了公园应该有的绿化、生态体系，还有农场、网球场。到绿化部门报批时，直管部门的意见就是网球场是不能要的。我们当时想网球场可以帮助解决一些维护公园的费用问题；但是，一方面说在规范上运动设施不符合公园属性，另一方面说没办法运营，（因为）网球场场地出租的收入不能直接用在公园的运营上。

L：从整个行业的分工，包括土地的属性、分布、排布来讲，有一个宏观的考虑。每个行业有每个行业的要求。当然，现在也强调尽可能地融合。以前认为公园就是公园，体育场所就是体育场所，大家“老死不相往来”。因为两个体系完全两个标准，包括运作模式，包括资金渠道，都不一样。我个人认为，可以不反对利用现有的公园场地，一些小广场、一些路、草坪做一些类似于非比赛类的小运动。以不影响、不破坏公园本身的生态环境和其他功能为前提，比如很多以前老的公园里面的体育活动——散步、跑步，局部打打羽毛球，跟街道结合放一些体育锻炼设施这种。因为我们公园的核心，一个初心，是在一个良好的生态环境条件下，发挥其他的功能。生态功能是第一位。

公园（分类）里面有专类公园，也叫“主题公园”，比如说体育公园。那么，这样的体育公园就需要在规划的时候多给土地指标。比如徐家汇公园里有篮球场，可以让人们日常来活动；当年世纪公园在规划的时候也留出了一片高尔夫球练习场。所以公园用地一定要达到一定的规模，才能把土地性质扭转过来，介入其他功能。

关于体育场地跟公园之间的关系，我个人认为叫“有限融合”。我们的公园管理部门对体育设施与公园的结合也做过调研。调研报告就是有多少场地用于公园，有多少场地用于体育，大的类型是哪些体育的活动，能够为多少人服务。其实这里面就是平衡问题：土地的平衡，功能的平衡，人的需求的平衡。大的足球场地，正规的体育场馆可能结合度还是有限。除非比如说，从规划上看这个公园，土地规模足够大，规划部门考虑到了全局运作，也许会有一点点突破，但是这种突破，我认为都不是常规的，都还是有限的。

T: 最后一个问题说到专业上。我家旁边有一个很小的社区公园，绿化管理真是糟糕，种植、修剪都不专业，种植的苗木很不讲究。我曾经以为是绿化水平低，与去植物园参观看到的完全不是一个水平。辰山植物园里面的工作人员说，虽然他们的科研水平高，比如说垂直绿化的技术，大树栽培的根系保护，但是不能跟市场挂钩，不允许产品化、商业化。上海植物园退休的一位老园长给我们做过一场讲座，香桃木常绿，在上海表现好，又有香气，没有病虫害，但是到现在也没有广泛推广，普通公园里的苗木一直是那几种。为什么不能把好的东西、技术普及呢？

L：绿化这个事其实是需要专业技术的，需要专业人员、专业团队，要有资质，就是上岗证。绿化工分几级，初级有三级、四级，五级到六级为中级，最高是八级，高级上面还有技师。有专门的绿化工的培训机构，也有专门的认定机构，绿化工人的培训和认定已经分离了。人保局管培训认定，只要人保局认定你这个机构可以培训就可以做。

但是那么多年下来，工人的培训和更新都跟不上，就是这样的有技术的人少了。以前政企、事企没有分离的时候，工人都是自己单位的职工，都会免费出去培训。在大发展的阶段，一个有技术的人也许手下要领几十个，甚至几百个农民工，技术绝对是跟不上。

还有一个问题是什么？就是大家都觉得绿化这个事很简单嘛，不需要技术。不是挖个坑就能种吗？要什么技术啊？农民工种种就好。在职业大典里面，绿化工那个工种，不在城建口子，也不在绿化口子，而是在农业农村部。很多人都误认为绿化就是种树。

现在搞设计的很多人，其实不懂植物。在图纸上画个圈，这是什么树、什么花，这些植物适不适合这里的土壤？适不适合这个位置，是不是适合跟旁边的东西去搭配都没人考虑。

现在政府做的事情就是做标准、做规程——技术规程。这个是有的，而且相对比较全。有一个单位叫“上海市绿化管理指导站”，这是上海特有的。以前这个单位是上海市行道树养护大队，后来行道树的日常操作下放到各个区了，那个站就做服务指导工作。后来局里的、市里的绿化行业的标准化委员会也放在那边。他们主要的事情就是做技术的推广、技术的指导、考核和新品种的推广。

上海市风景园林学会，是一个学术团体，专门做科研、科普，技术成果交流、学术交流、技术咨询。上海市园林绿化行业协会实际上是一个在市场化影响下企业成为主体的，绿化企业的联合，为企业说话的这么一个载体。要整个行业技术水平提升，企业是主体，是关键。即便像辰山植物园里的那些东西要去推广，不是都要通过企业嘛。所以科技成果的推广需要更多的社会力量共同努力，学会、协会就显得很重要了，是一个技术链上非常重要的环节。

以前行道树的修剪、日常的养护、病虫害防治，包括防台防汛所要做的一些工作，是非常专业的一件事情。专业的事情要专业的人来做，但是我们还是需要听社会的声音，相互平衡。一方面要加强管理，另外一方面要更多地听取各方意见，共建共治。这是一种什么理念呢？我自己觉得就是公共的空间、公共的财产，为公众所用。要整个社会一起来管。一起管也不是说无组织，要有组织、有序。该听取意见，该要告示，该要解释的，就要做啊，这个对政府来讲是一个非常大的考验。

关于新品种的事情，20 世纪 80 年代甚至于更早的时候，苗圃都是国有的，以前我们有几大苗圃，都是政府管。科研单位有什么好东西、好技术，自己研究，自己的单位推广。后来苗圃市场化，五花八门。苗圃里面到底种什么苗？好的苗木怎么能够通过苗圃生产了以后用到绿地上？这里其实是有点脱节。现在行业苗圃没有人管，苗圃都是农民在做，什么东西赚钱就种什么。新优品种是要经过技术人员，就像推广农作物一样，要给政策。国家给做课题的钱，包括植物园做课题也有钱，课题结束了，报告写好了，到了推广阶段没有钱了。做推广是需要投入的，因为推广要基地。衔接科研成果，比如说新优品种定期出一些目录、指导手册，来让人家了解这些东西是好的，还有制订新优植物推广计划。这种工作我是觉得需要滚动，需要不断地做，而且需要跟企业合作。专业的科研单位要能够跟企业合作，会更大范围地推广基地去合作。

上海是绿林合一的——绿化和林业在一起的。林业的发展，在前期种树更多地考虑要有经济效益；但是，从生态园林发展的角度来讲，我们讲生物多样性、讲群落的稳定，不能单方面走极端，不能只种贵的树。如果那种树存活的条件很高，在上海长不好，这从某种角度上讲是浪费和不科学，所以科学绿化永远是一个话题。

我们也受很多客观条件的限制。现在能够好好地建公园的土地越来越少，但是又有很多需求。外环外，居民区现在增多了，老百姓公园不够，怎么办呢？就把以前的防护绿地，比如说外环线，对道路交通的保护绿地，比如说以前的高压线走廊下的绿地都搞开放，都搞公园。这就带来一个问题：这些地方有些方面是不符合公园设计规范的，旁边噪声太厉害了，污染太厉害了。这个情况现在蛮多。这里面要有一个平衡，就是前面 100 米林带还是要保持防护功能，靠外一点适当地开放可以。

上海的土地实在太紧张了，高密度的城市怎么办？这几年也强调发展立体绿化。有些公共建筑上面的屋顶也做得能够开放；但是这个开放又有限制，因为屋顶上面过于高大的乔木种不了，生态效益还是不够。总的来说，一是需要专业人员的智慧，二是需要社会各方支持。

[1] 裘鸿菲 . 中国综合公园的改造与更新研究 . 北京：北京林业大学 ,2009.

[2] 杰里 , 杰里柯 . 图解人类景观：环境塑造史论 . 刘滨谊 , 译 . 上海：同济大学出版社 ,2006.

[3] 冯纪忠 . 旷奥园林意 . 长沙：湖南美术出版社 ,2022:46.

[4] 吴钩 . 古代中国有没有城市公园 .[2021-10-19]. 公众号“我们都爱宋朝”.

[5] 毛华松 , 廖聪全 . 宋代郡圃园林特点分析 . 中国园林 ,2012(4):77-80.

[6] 李珊珊 . 重庆中央公园：一个城市公共空间的演变及其机制研究 . 重庆：重庆大学 ,2013.

[7] 李韵平 , 杜红玉 . 城市公园的源起、发展及对当代中国的启示 . 国际城市规划 ,2017,32(5):42.

[8] 罗正敏 . 城市综合性公园改造规划——以连云港市新浦公园改造规划为例 . 南京：南京林业大学 ,2007.

[9] 莫仲良 . 上海法国公园之一瞥 . 图画时报 , 1927(356):1.

[10] 张安 . 上海复兴公园与中山公园空间变迁的比较研究 . 中国园林 ,2013,5:71-72.

[11] 何映宇 . 上海绿地的前世今生 . 新民周刊 ,(2022-08-09)[2022-08-09].https://m.xinminweekly.com.cn/content/8536.html.

[12] 陈玺撼 .2.6 万人为上海环城生态公园带出主意，七成受访者期盼公园里开露天音乐会 . 上观新闻 .[2021-11-24] . https://export.shobserver.com/baijiahao/html/426549.html.

[13] 林峥 .“到北海去”一席 . [2022-05-27] https://view.inews.qq.com/a/20220607V0CBXA00.

文明出行

“修”公园

一个公园从设计到建成的过程

本章希望从三个方面讨论一个公园的建成过程：

政策 / 规范，这是设计的大背景，也是设计师无法左右的。它有可能对设计是一种限制，也可能给设计提供了新的机会。规范是强制性条件，必须要服从。这些限制条件在某种程度上是最后公园面貌“如此”呈现的根本原因。

虚构 / 重适，设计师通过想象，重新构建或者以另一种方式介入场地。对背景（context）的挖掘，让表面上看起来大同小异的设计条件变成设计的独到之处。

技术 / 支撑，是设计得以实现的基础。它包括景观元素在各个环节的建造与制作，比如石头墙、植物。技术在地方上的差异，可以让图纸上画的和实际上修建的完全没关系。

希望本章的讨论，可以让我们理解为什么在这个地方（偏远的？不恰当的？）出现了一个这样（神奇的？不符合逻辑的？）的公园。

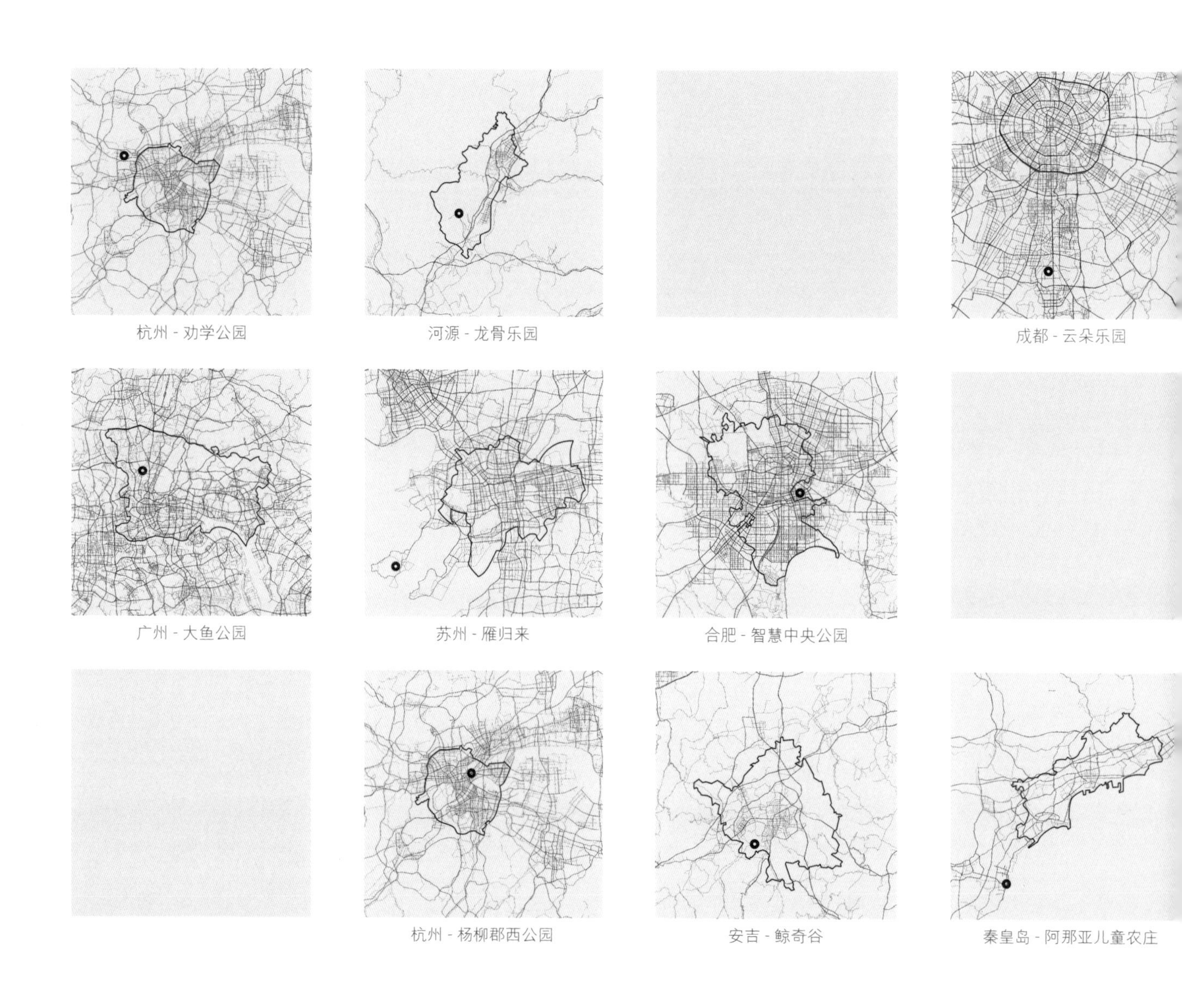
杭州 - 劝学公园
河源 - 龙骨乐园
成都 - 云朵乐园
广州 - 大鱼公园
苏州 - 雁归来
合肥 - 智慧中央公园
杭州 - 杨柳郡西公园
安吉 - 鲸奇谷
秦皇岛 - 阿那亚儿童农庄

建成公园区位分布图

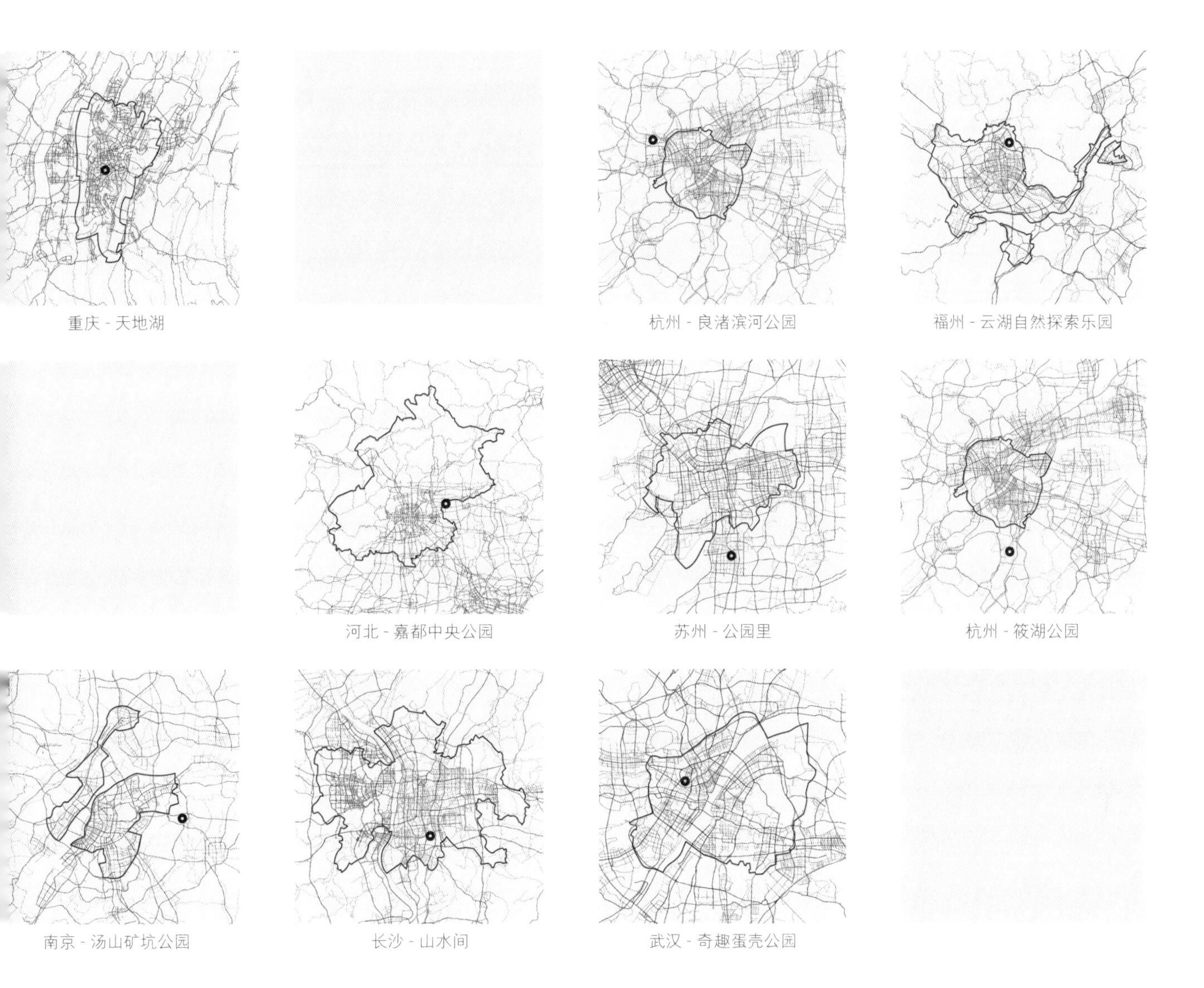
重庆 - 天地湖
杭州 - 良渚滨河公园
福州 - 云湖自然探索乐园
河北 - 嘉都中央公园
苏州 - 公园里
杭州 - 筱湖公园
南京 - 汤山矿坑公园
长沙 - 山水间
武汉 - 奇趣蛋壳公园

政策 / 规范

国家政策指导社会发展的大方向，然后具体影响到每个行业。在从业的过去十几年中，相关的政策概念有“绿道”“海绵城市”“美丽乡村”“城市双修”“开放社区”“特色小镇”“公园城市”等。现以时间为序，简述其内容及背景。

绿道的概念于 1985 年第一次被介绍到中国，但是，真正的实践活动却是始自 2009 年珠三角绿道网的开建。《珠江三角洲绿道网总体规划纲要》是由中国地方政府发布的有关绿道规划的第一个官方文件；《广东省城市绿道规划设计指引》等配套技术指引，成为中国第一个有关绿道规划设计的技术指引。从 2010 年开始，国内主要发达城市纷纷加入了“中国绿道运动”队伍的行列。除广东外，北京、浙江、安徽等 10 多个省、市、自治区开始了各具特色的绿道规划与建设。2016 年，住房和城乡建设部颁布了《绿道规划设计导则》，标志着绿道在中国生根落地的完成。[1]

海绵城市，是新一代城市雨洪管理概念，是指城市能够像海绵一样，在适应环境变化和应对雨水带来的自然灾害等方面具有良好的弹性，也可称之为“水弹性城市”，国际通用术语为“低影响开发雨水系统构建”。下雨时吸水、蓄水、渗水、净水，需要时将蓄存的水释放并加以利用，实现雨水在城市中的自由迁移。从生态系统服务出发，通过跨尺度构建水生态基础设施，并结合多类具体技术建设水生态基础设施，是海绵城市的核心。[5]

过去十五年景观行业发展的“新命题”

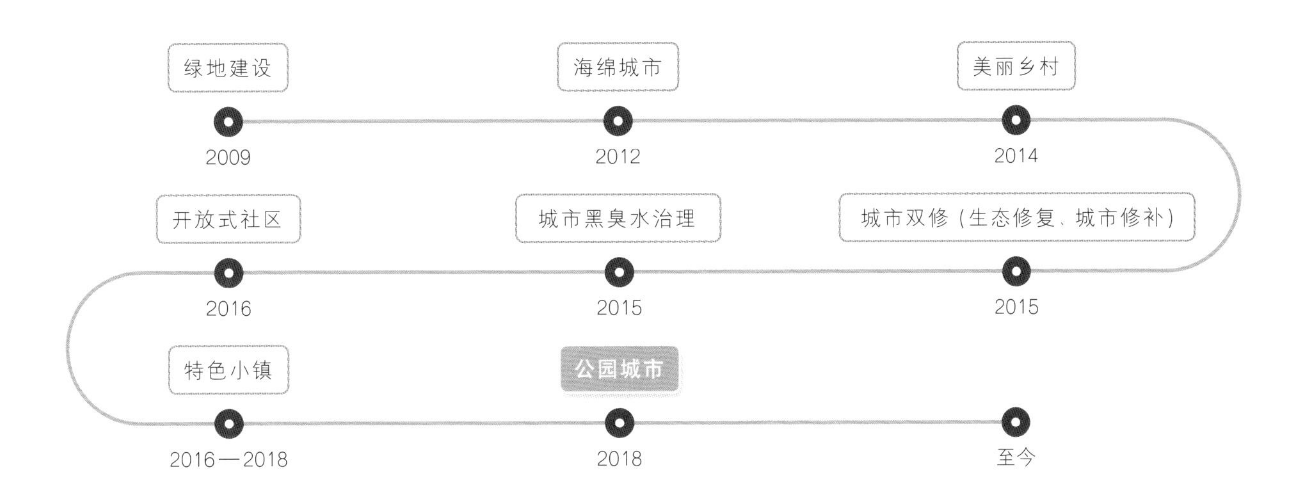

“公园城市”的概念形成与决策实施

政策形成

习近平总书记在四川视察期间，期许成都“加快建设全面体现新发展理念的城市”，要求成都“要突出公园城市特点，把生态价值考虑进去”。至此，“公园城市”这一崭新城市理念进入全球视野。[2]

各方达成共识

成都成立了全国第一家，也是目前唯一一家专门的公园城市研究院。经过广泛而深刻的探讨，专家们达成对“公园城市”的共识：这是基于绿色发展理念而创新的一个概念，是高质量背景下的城市建设新模式探索，是城市可持续发展的必然选择，充分体现了“以人民为中心”的发展思想和构建人与自然和谐共生的绿色发展新理念，是适应新时代中国城市生态和人居环境发展形势及需求提出的城市发展新目标和新阶段，体现了我国推进城市化发展模式和路径转变的理论创新和实践探索。[3]

实施决定

成都市委十三届三次全会通过了《中共成都市委关于深入贯彻落实习近平总书记来川视察重要指示精神，加快建设美丽宜居公园城市的决定》，对成都建设美丽宜居公园城市作出了安排部署。[4]

美丽乡村指经济、政治、文化、社会和生态文明协调发展，规划科学、生产发展、生活宽裕、乡风文明、村容整洁、管理民主、宜居、宜业的可持续发展乡村（包括建制村和自然村）。[6]

城市双修是“生态修复、城市修补”的简称，指用生态的理念修复城市中被破坏的自然环境和地形地貌，改善生态环境质量；用更新织补的理念，拆除违章建筑，修复城市设施、空间环境、景观风貌，提升城市特色和活力。[7]

开放式社区。2016年，中央城市工作会议的一份配套文件发布，列出了下一阶段城市发展的“时间表”，勾画了“十三五”乃至更长时间中国城市发展的“路线图”。文件提出，新建住宅要推广街区制，原则上不再建设封闭住宅小区；已建成的住宅小区和单位大院要逐步打开，实现内部道路公共化，解决交通路网布局问题，促进土地节约利用。这是中央层级的文件首次提出对诟病已久的封闭社区模式进行改造。[8]

中国特色小镇是指国家发展改革委、财政部以及住建部决定在全国范围开展特色小镇培育工作，计划到2020年，培育1000个左右各具特色、富有活力的休闲旅游、商贸物流、现代制造、教育科技、传统文化、美丽宜居等特色小镇，引领带动全国小城镇建设。[9]

成都作为“公园城市”的首发地，除了在规划上出现“绿环”“绿带”“绿道”，在城市建设中还突破规范，做了很多类似“公园＋”的尝试。除了常规性的“公园＋运动健身”“公园＋教育”，还有类似大源中央公园中“REGULAR源野”利用下沉空间做的“公园＋商业”。[10]这种无论在外观还是形式上看都是如此顺理成章的做法，却是不知突破了多少“关卡”，只有行内人才深知其中的“来之不易”。

在国家政策方面，几乎每两三年就会有一些新的提案，一方面是根据实际情况不断调整，另一方面是保证一定的时效性。关乎国家发展策略方向性的调整，与行业的走向息息相关。近年来，国土资源、空间规划体系合并在行业中引发了很多争论和思考。在城市规划中，城市公园属于建设用地的性质，当国家控制建设用地的数量时，公园绿地的发展建设在土地性质的层面受到影响。国土空间规划统一了土地资源和空间规划的职能，原因是什么，为设计行业带来什么影响？为此我们采访了北京大学的李迪华老师。

“城市双修”政策指导下立项并建设的南京汤山矿坑公园，建成后成为南京市城市双修的示范项目，得到了广泛的媒体报道

- 访谈：国土空间规划——从画图到制定政策

*受访者：李迪华 **

采访日期：2022 年 2 月 9 日

文字记录　L：李迪华，T：唐子颖

T: 看到李老师的文章[11]以后，觉得您对（国土空间规划）方向和策略方面的思考很深。首先，您对国土空间规划是比较支持、很正向地（解读）。实际上在城市规划和国土空间规划这两个方向一直有很多的争论。那么，国土规划除了在生态意义上、跨区域意义上，它还在法律法规上，或实际的落地上，对城市规划有多少推动或者是实质性的不一样？

L：这个是一个挺好的问题。

首先规划，既重要，又不重要。重要是因为今天国家治理离不开规划。

说它不重要，是因为实际上在过去上千年里，没有一个今天意义的“规划”的东西，我们的国土照样发展得很好。那为什么今天突然规划变得这么重要了？因为我们的城乡治理、经济活动、社会发展，还有我们的建设行动，带来了不仅仅是正面的效应，比如说发展生产，提高了生产力，增加了就业，改善了生活水平，同时还有负面效应，而且负面效应产生的规模远超过去没有建筑师、没有设计师的那个时代。规划是一种人类主动地去干预发展、建设和生产的行为，以避免人类活动的负面效应。从这个意义上，就不难理解，规划的本质是一种妥协，即协调所有的关系，努力地让正面的效应积极化，同时避免负面的效应。但是，难就难在，正面效应和负面效应，都是针对不同的目的、不同的对象而言的。对这个群体，或者对这个地区来说，它是有利的，对另外一个地区，却可能是有害的；或者对人是有益的，但对自然界可能是有害的。这种现象很普遍，需要持续面对这样的复杂情况，所以说规划，就是要直面在这个工作过程中所面临的、遇到的所有的冲突，找一个折中的解决方案，让所有涉及的关系能够协调，能够趋利避害，这是一个大的前提。

国土空间规划在提出来的时候，我觉得它有一个非常重要的说法，就是特别强调对所有国土空间的用途管制。国土空间规划是公共政策，是“蓝图”，不是“图画”；因此，开展国土空间规划是制定公共政策，描绘国土空间的经济与民生发展和生态保护蓝图，而不是单纯地画规划图。

这一点很多人未必真正理解。我个人因此对国土空间的现状和未来有一些焦虑，就是现在做国土空间规划的人，主体上仍然是过去做城乡规划的人，而他们已经太习惯画图了。

太多的已经公布的各地国土空间规划成果，还没有把国土空间规划理解成为协调国土空间上面所有物

* 李迪华，北京大学建筑与景观设计学院副教授、副院长，中国城市科学研究会理事、景观学与美丽中国建设专业委员会秘书长，中国城市规划学会城市生态规划学术委员会委员，*Landscape Architecture Frontiers* 执行主编。

理的，社会的、经济的、人的相互关系，或者说相互联系。如果这个问题不解决，那我们的国土空间规划，可能又重新走回到了住房与城乡建设部门主管的城乡规划的时代。虽然已经另起炉灶，能否避免实际工作中只是把城乡规划换个国土空间规划名头，取决于过去在做城乡规划的专家们，是不是真正理解了国土空间规划的宗旨和目的，有学习能力并愿意改变自己的知识结构，还有，是不是真正理解了国家需求。

国土空间规划特别强调“一张蓝图绘到底”。这被我们的规划师拿来到处讲，我觉得这可能会误导人。国土空间规划图讲的“一张蓝图”，是个形象说法，实际工作中可能并不存在这样的“一张图”，如果有，它更可能像是一张“草图”，需要规划师、设计师在实际工作中反复修改完善，需要我们用非常严谨的科学精神不断反思自己的工作，不断评估和调整规划的结果，目的就是让我们的规划一点一点地接近事实，接近国家需求的真实状态，接近更加符合改善和发展民生的百姓利益，更加符合保护自然和保护生态的要求，这才是所谓的“公共政策”。

这个世界不存在一劳永逸的公共政策。是公共政策，就意味着它不能够僵化、教条，最好是每年都要进行评估和调整，要定期进行修订。没有一个规划要保十年、二十年。所以，我理解的国土空间规划工作方式应该是“短平快”，即在尽可能短的工作周期内完成一个规划方案，然后每年评估，每年修订，而不是一个规划管五年、十年，更不是“一张图”或一套图用五年、十年。

在国家相关于国土空间规划政策里面，有一个提法非常好，叫作“一地一策”。就是这个规划，只适合于那个地方，换个地方就不适合了。从这个角度来说，存在从城乡规划向国土空间规划的另一个转型。前面讨论了从“画图”转向公共政策制定。根据“一地一策”的要求，要从“编制规划”转向为地方提供持续的专业服务，“确保一张蓝图绘到底”，要努力避免用几年的工作周期编制一个企图管五年甚至十年的规划。“一地一策”的规划方案很难在短时间内编制出来，但可以在地方政府（甲方）和规划单位（乙方）的持续合作中诞生。在国土空间规划的工作推进过程中，很多的地方政府都要求规划公司、设计公司在本地设立分公司，或建工作室，目的就是持续地有人在当地提供规划支持服务。就是说，甲方的观念和做法已经改变了。

但是，规划设计公司是不是已经转变了，甚至能不能转变，我觉得这是很大的挑战。国土空间规划背景下，各级政府对规划设计公司提供的服务的质量要求，对我们工作成果的品质要求和责任担当，可以说，比过去提高了不知道多少倍，但我们的规划取费标准并没有增加，甚至还降低了。城乡规划时代，甲方对规划的工作进度要求优先于质量，规划设计的取费标准低一些，乙方一般都可以通过各种形式的“敷衍”来降低工作成本。这种合谋方式，可以说是双方的一种“默契”。国土空间规划时代，必须提供高质量的持续规划设计服务，必须承担规划设计职业责任。这就提出了一个新的“老问题”——规划设计的取费标准太低了，不足以支付做好规划所需要的全部成本，尤其难以支持一个规划方案的实施所需要的持续技术服务的成本。所以，我觉得国土空间规划计费的方式要改变。不应该是一次性计费，国土空间规划的甲乙方之间关系，最少应该是一个五到十年的一个稳定的合作关系。最开始做规划，可能是一个大头、重头；每一年都应该有固定的经费来支持乙方开展规划实施情况的调查，以对先前的规划进行评估和修订。所以，一定要加大力度，来呼吁有关部门提高规划和设计的取费标准。绝对不要把规划做成一次性买卖，而应该是一个持续的服务过程，应该提高规划设计的取费标准，保证持续的经费投入。

然后，你刚才还谈到一点，目前看到的国土空间规划成果，好像多半都是跟生态保护有关的，这个理解可能不够全面。中共十八届三中全会报告提出，国家要统一行使对所有国土空间用途管制的职责。到了党的十九大报告中，这句话变成了“统一行使所有国土空间用途管制和生态保护修复职责”。这两句话是为什么要做国土空间规划，以及如何做国土空间规划才能体现国家需求的重要前提。

对于国土空间规划，国家的目标非常清晰，就是要支持国家统一行使对所有国土空间的用途管制，同时突出国土生态修复与生态保护。“每一寸国土”指国土空间规划一定是全覆盖的，包括城市和乡村，包括自然和建成环境。在不同性质的土地上开展国土空间规划，工作方式和成果要求一定是不一样的。在城镇建设区开展国土空间规划，必须划定城市增长边界，且不能突破生态保护红线和耕地保护红线。

国土空间规划，很重要工作的就是划定生态保护红线、永久基本农田红线和城镇增长边界。城镇建设不能突破两条红线，乡村发展既要保护好耕地，同时必须保护好乡村自然和生态。国土生态修复，同样不只是针对破坏受损土地，在城市也要进行生态修复，乡村同样要进行生态修复。生态保护不只是自然保护区、国家公园的事情，城市也有生态保护，也有生物多样性保护，乡村也有生物多样性保护。这些目标都是全覆盖的。

开展国土空间规划，还必须同时重视民生改善。中央提出国土空间规划政策的同时，还特别强调城乡共享发展成果，城乡基本公共服务均等化、基本民生兜底等一系列与民生保障和改善有关的政策，它们应该被视为开展国土空间规划的终极目标。

T: 生态修复和保护，它具体在落实的时候，比如说生态红线，各个地方会非常谨慎，因为这根线划定以后，百分之百不可以动。在保护的同时，没有可以人参与或者利用的可能性吗？城镇建设边界线也是这样，一旦划死了，那就意味着不可以再批地，再不可以开发了吗？

L：红线就是红线。这条线边界应该非常清楚，我觉得是没有什么可以讨价还价的。在划定红线的时候，可以讨价还价，但是一旦划定了红线，就必须严格执行。规划一定是有强制性要求的，一定既要有刚性的部分，也有弹性的部分。红线是规划的刚性要求，红线以外(如城镇增长边界以里）是规划的弹性部分，可以在规划实施过程中交由市场依据规划灵活决定。很多抵触红线的想法，不一定是反对红线本身，是担心或关心生态保护红线范围内能做什么？一旦划定了生态保护红线，那么生态红线以里的国土，它不是什么都不能做或人不能进去，这是对规划的误解，在红线里面能够做什么，按照规划要求，开展生态旅游和环境教育，从事农业生产尤其优质农产品生产，从事农产品加工，这些都是可以的；但这个线是红线，那就意味着红线里面的人工建设一定不能够成为主体，有限的建设不能破坏自然的整体性，大规模、大面积的建设活动是应该严格禁止，小范围的、经过严格论证不会突破生态承载力的保护管理、生产、生活和游憩的活动，不但不应该禁止，甚至要有序组织。

红线的本质是专业治国或专家治国，避免因人施政，体现了国家治理能力与治理体系现代化的要求。红线是刚性的，意思是它的划定、调整修改都必须要经过由规划主导的多专业协作的严格论证来完成。

T: 我们的确遇到过这个问题。做公园设计的时候，用地性质现在被划为林地，但是林地本身的品质，就是早年退耕还林的时候种的人工林，本身并不生态。我们说需要调整植物品种，需要有多样性，但规定是林地属性的树一棵都不能动。

L：这种现象非常普遍，把本来应该在实施过程中由市场和专业依据规划灵活处理的内容变成“不能改变的教条”。之所以会出现这种情况，一方面因为我们的城市规划与建设管理和治理能力严重不足，不能胜任专业管理职责，所以只能要么不管，再不合理的事情都有人能够变通实现，甚至纵容违法；要么僵化教条，不信任专业和专业人士，把不作为当管理。恰当的做法是，无论是甲方还是乙方，把自己的行为置于法律（包括规划）的约束之下后，大胆而专业地履行自己的职责。另一方面，从某种意义上表讲，现在市场上的规划设计从业者的专业能力不足，还不能获得市场的足够信任，因为我们不能够把事情“做到更好”。对规划设计师从业者的履职基本要求就是“能够把事情做到更好”，只有这样，甲方才可能放心大胆地相信我们。把事情做得更好，不是简单地满足了现有的规定、规范和标准要求，而是任何时候都超越这些要求，任何时候都把事情做到比甲方、比使用者和公众期待的更好。如果现有的政策法规和规范标准要求什么样子，我们就做到什么样子，那就不会推动行业水平提高、更不可能推动社会进步。

在饱受诟病的“996”工作模式下，设计师、规划师其实是没有时间学习的，更不会养成学习的习惯。“一地一策”国土空间规划政策要求下，这种状态必须改变！当然，这种改变的前提，是我们必须尽快地提高设计取费标准。要改变你说的这种情况，设计师需要学习、需要研究，甚至需要做实验，才能拿出包含充分论证的“一地一策”规划设计方案来说服甲方改变之前的观念和要求。每一个项目来了都先学习、先研究，都要反复调研和推敲方案构想，都要仔仔细细和甲方沟通方案想法，这种创造性的工作绝不可能是“996”。“提高规划设计取费标准”和“提高行业质量水平（准入门槛）”，哪个先，这个“先有鸡还是先有蛋”的难题不会很快得到解决，但任何事情都会有一个发展的过程。我比较乐观，在整个粗制滥造的市场里面，至少有几个公司而且在逐渐增加，他们在坚持自己的设计理念，他们在追求高质量，这是很难得的，是行业和未来的希望。

T: 为什么国土规划的领头者是职业规划师呢？

L：对。这个问题包含两重含义。一重是你我现在从事的职业，景观设计或叫风景园林，我们面临的一个痛点：没有建立起来注册景观设计师的制度。园林工程公司、景观设计公司，当然包括从事相关工作的市政公司的景观设计师，不能够像国际同行一样，只有具备了承担项目背后的法律责任和社会责任的资格才能作为项目负责人，通俗说“具有签字的资格”。这个“资格”就是职业规划师或职业设计师制度。为什么需要这样的制度？因为从事这份工作的人需要对土地系统和人的生命健康负责任，需要对个人和机构财产，以及公共财政资金的合理使用负责任，需要承担相应的法律责任，愿意坚守相应的职业伦理。这样严肃的工作，因此只有掌握了相关知识和专业技能，具备一定履职能力和工作经验的人才能胜任。注册设计师或规划师是依据相关法律规定建立的职业人士事业共同体，共同体成员秉持相同的职业理念、标准和职业道德要求，通过行业协会自我管理，不断提升个人和群体的履职与服务社会的能力。2000 年以来，太多人包括我本人在内呕心沥血呼吁建立职业景观设计师制度，然而，一直工作这个领域的人有多少意识到自己承担的法律责任与职业伦理要求？

无论是规划还是工程设计，当下面临着一个严峻而迫切问题，就是太多的项目成果与国家需求无关，与法律责任无关，与社会责任无关。太多的规划和工程实施后没有真正能够改善环境品质，改善人的福祉，基本上没有。一种令人痛心的状态。

这个问题的第二重含义，国土空间规划是“一项事业”还是“一项工作”。我个人倾向于它是一项事业，需要多学科和多专业协作才能完成，这在我的论文中已经有所论述。与此相关，有一个问题需要触及，就是国土空间规划的立法问题。希望国家能够尽快出台相关的法律。依据相关法律，国土空间规划如果是一项事业，那么就应该构建一个职业资格体系；如果是一项工作，那就应该建立“国土空间规划师”职业资格制度。只有通过完善的法律制度和有专业信念的人一起，国土空间规划事业才会是可持续的。我们的教育同样要改革，要致力于培养这样的职业人，他们有法治意识，有契约精神，致力于把事情做到更好，有服务人和自然的道德与职业精神。社会发展到今天，物质层面和经济层面都已经做好准备追求更高标准、更高品质。

T：最后希望李老师给我们提点前瞻性的建议。除了我们说的日常公园，还有国家公园、城市郊野公园等概念，它还局限在公园的性质吗？在这个大的框架上，它可能会是什么，有没有变化的可能性？在未来，在您想象的这套健康的国土空间规划的体系下，它会是一个什么样的角色？

L：我觉得这些概念其实都不一定重要。叫 Garden（花园）也好，叫 Park（公园）也好，它们都只是形式，做事的手段，不是目的。比如说园林或者风景园林，人是次要的、附属的和不重要的，只有到了景观才拥有 identity（身份认同）。只有加上人和人的生活空间，才会创造出环境的身份认同，这区别于视觉意义的公共艺术作品或花园（以及所有目中无人的设计作品）。在反思这些问题的时候，首先需要想一个问题，我们的目的到底是什么？现实生活中，我们不断地混淆了目的和手段之间的关系，把手段当成了目的。花园和公园本身都不是目的，它是一种手段。那目的是什么？在今天，只有人和自然才能够成为目的，无论在建城环境还是在自然环境、乡村环境中。就是说，第一，我们要保护好人，保护好自然。第二，我们要为人创造更好的福祉，要让人生活得安全、舒适、富足，让自然得到安息，让自然得到修复，让自然能够保持自然，让人更好地呵护自然。目的清楚了，我们再来思考公园或花园如何设计，如何建设，如何维护，自然会有标准，自然会慎重。

太湖边上的苏州雁归来公园

通过以上访谈，我们学习到了国土空间规划的实质是公共政策、法律法规，与传统的城市规划不同，它的时效应该灵活可变，更加符合地方需求；同时，国土空间规划讲的“两条线”——生态保护红线、城市建设边界线，在某种意义上是一件事：控制城市建设的无限制蔓延。中国的城市化发展到今天，从数量、尺度、规模等方面需要重新审视、评估，至少节奏应该放缓，建设的同时考虑环境影响、生态保护；法治不仅是国家、社会的发展方向，个体职业者也需要逐渐形成承担法律责任的意识，行业逐渐走向规范的执照认证体系。

中国现行的城市绿地分类标准，将社区公园列为“提供市民就近休闲游憩的重要公园绿地”。与之相关的规范条例，除了城市绿地分类标准、城市绿地设计规范以外，还有 1992 年开始施行的《公园设计规范》（现行 2016 版）。《城市居住区规划设计规范》对于社区公园也有所规定。社区公园，作为一个公园绿地的分类出现在《城市用地分类与规划建设用地标准》中，并将其定义为“用地独立，具有基本的游憩和服务设施，主要为一定社区范围内居民就近开展日常休闲活动服务的绿地”，对其规模做出了宜大于 1 hm^2 的备注。

强调“用地独立”是为了明确“社区公园”地块的规划属性，而不是其空间属性，即该地块在城市总体规划和城市控制性详细规划中，其用地性质属于城市建设用地中的“公园绿地”，而不是属于其他用地类别的附属绿地。有趣的是，我们设计的社区公园却往往是其他用地类别，比如林地、商住、农地、道路等的附属用地，没有一个是正儿八经的“公园绿地”。国家规范的指定更多是从用地属性进行划分，这里讨论的社区公园是人的日常使用需求。由于使用需求的日益增长和不断变化，在我们的实践中，社区公园与综合公园的边界也在逐渐变得模糊，因此无法从规模和属性去加以严格的定义，它在我们的讨论中是一个更加贴近市民需求，方便日常的一个公园类型。

规范是对设计的硬性要求，我们做设计必须服从。实际上，讨论公园设计在规范中遇到的问题，是从法规方面探讨公园社会性的成因，规范对设计的指导体现了当前社会对公园的认知，比如公园规范中提及的亭廊榭台等构筑物元素，就是社会层面上大家普遍认知的公园需要有的东西。除此以外，在设计过程中经常让我们困惑的问题包括但不限于以下内容：

— 规范中，一些量化的数字背后是什么样的逻辑？

— 为什么公园里只能出现某些日常活动（比如羽毛球），而不能出现另一些日常使用的元素（比如篮球场地、滑板场地）？

— 规范中的分类方法在实际应用中可能会存在什么问题？

第一节 容 量 计 算

第 3.1.1 条 公园设计必须确定公园的游人容量，作为计算各种设施的容量、个数、用地面积以及进行公园管理的依据。

第 3.1.2 条 公园游人容量应按下式计算：

$$C = \frac{A}{A_m} \quad (3.1.2)$$

式中 C —— 公园游人容量（人）；

A —— 公园总面积（m^2）；

A_m —— 公园游人人均占有面积（m^2/人）。

第 3.1.3 条 市、区级公园游人人均占有公园面积以 60m^2 为宜，居住区公园、带状公园和居住小区游园以 30m^2 为宜；近期公共绿地人均指标低的城市，游人人均占有公园面积可酌情降低，但最低游人人均占有公园的陆地面积不得低于 15m^2。风景名胜公园游人人均占有公园面积宜大于 100m^2。

第 3.1.4 条 水面和坡度大于 50% 的陡坡山地面积之和超过总面积的 50% 的公园，游人人均占有公园面积应适当增加，其指标应符合表 3.1.4 的规定。

水面和陡坡面积较大的公园游人人均占有面积指标 表 3.1.4

水面和陡坡面积占总面积比例 (%)	0~50	60	70	80
近期游人占有公园面积（m^2/人）	≥30	≥40	≥50	≥75
无期游人占有公园面积（m^2/人）	≥60	≥75	≥100	≥150

1992 版《公园设计规范》中不同类型的公园容量计算公式 [12]

3.4 容 量 计 算

3.4.1 公园设计应确定游人容量，作为计算各种设施的规模、数量以及进行公园管理的依据。

3.4.2 公园游人容量应按下式计算：

$$C = (A_1 / A_{m1}) + C_1 \quad (3.4.2)$$

式中 C —— 公园游人容量（人）；

A_1 —— 公园陆地面积（m^2）；

A_{m1} —— 人均占有公园陆地面积（m^2/人）；

C_1 —— 公园开展水上活动的水域游人容量（人）。

3.4.3 人均占有公园陆地面积指标应符合表 3.4.3 规定的数值。

表 3.4.3 公园游人人均占有公园陆地面积指标（m^2/人）

公园类型	人均占有陆地面积
综合公园	30~60
专类公园	20~30
社区公园	20~30
游园	30~60

注：人均占有公园陆地面积指标的上下限值应根据公园区位、周边地区人口密度等实际情况确定。

3.4.4 公园有开展游憩活动的水域时，水域游人容量宜按 150m^2/人 ~250m^2/人进行计算。

2016 版《公园设计规范》中不同类型的公园容量计算公式 [13]

通过《公园设计规范》1992 版、2016 版里的公式，我们可知如何计算不同类型的公园容量。在实际中，除热门景点或特定时段外，大多数公园的大部分时候人流量不会达到饱和。所以，做设计的时候，控制人流量不是关键，重要的是人的行为。比如说，我们在设计前期会关注公园在平日、周末、小长假各个时段的情况，目的是看什么人在什么时间如何使用公园。社区公园规律性的特征最为明显：平常日的早上是晨练的人使用，中午基本没有人，下午小孩放学后是孩子最多、最热闹的时候，晚饭时间后多为散步等轻量级的使用。一天当中各个时段的人流量不等，工作日和周末也不同。社区公园在众多的公园类型中，属于人的行为相对固定和统一，这也是很多公众参与项目应该都是社区级别的原因。相比之下，城市开放绿地中人的行为的复杂程度要高许多，使用者的差异性大，通过数字统计、问卷调查得出的结论反而会以偏概全，导致设计主观、僵化。

陆地面积(hm²)	用地类型	公园类型												
		综合性公园	儿童公园	动物园	专类动物园	植物园	专类植物园	盆景园	风景名胜公园	其他专类公园	居住区公园	居住小区游园	带状公园	街旁游园
<2	Ⅰ	—	15~25	—	—	—	15~25	15~25	—	—	—	10~20	15~30	15~30
	Ⅱ	—	<1.0	—	—	—	<1.0	<1.0	—	—	—	<0.5	<0.5	—
	Ⅲ	—	<4.0	—	—	—	<7.0	<8.0	—	—	—	<2.5	<2.5	<1.0
	Ⅳ	—	>65	—	—	—	>65	>65	—	—	—	>75	>65	>65
2~<5	Ⅰ	—	10~20	—	10~20	—	10~20	10~20	—	10~20	10~20	—	15~30	15~30
	Ⅱ	—	<1.0	—	<2.0	—	<1.0	<1.0	—	<1.0	<0.5	—	<0.5	—
	Ⅲ	—	<4.0	—	<12	—	<7.0	<8.0	—	<5.0	<2.5	—	<2.0	<1.0
	Ⅳ	—	>65	—	>65	—	>70	>65	—	>70	>75	—	>65	>65
5~<10	Ⅰ	8~18	8~18	—	8~18	—	8~18	8~18	—	8~18	8~18	—	10~25	10~25
	Ⅱ	<1.5	<2.0	—	<1.0	—	<1.0	<2.0	—	<1.0	<0.5	—	<0.5	<0.2
	Ⅲ	<5.5	<4.5	—	<14	—	<5.0	<8.0	—	<4.0	<2.0	—	<1.5	<1.3
	Ⅳ	>70	>65	—	>65	—	>70	>70	—	>75	>75	—	>70	>70
10~20<20	Ⅰ	5~15	5~15	—	5~15	—	5~15	—	—	5~15	—	—	10~25	—
	Ⅱ	<1.5	<2.0	—	<1.0	—	<1.0	—	—	<0.5	—	—	<0.5	—
	Ⅲ	<4.5	<4.5	—	<14	—	<4.0	—	—	<3.5	—	—	<1.5	—
	Ⅳ	>75	>70	—	>65	—	>75	—	—	>80	—	—	>70	—
20~<50	Ⅰ	5~15	—	5~15	—	5~10	—	—	—	5~15	—	—	10~25	—
	Ⅱ	<1.0	—	<1.5	—	<0.5	—	—	—	<0.5	—	—	<0.5	—
	Ⅲ	<4.0	—	<12.5	—	<3.5	—	—	—	<2.5	—	—	<1.5	—
	Ⅳ	>75	—	>70	—	>85	—	—	—	>80	—	—	>70	—
≥50	Ⅰ	5~10	—	5~10	—	3~8	—	—	3~8	5~10	—	—	—	—
	Ⅱ	<1.0	—	<1.5	—	<0.5	—	—	<0.5	<0.5	—	—	—	—
	Ⅲ	<3.0	—	<11.5	—	<2.5	—	—	<2.5	<1.5	—	—	—	—
	Ⅳ	>80	—	>75	—	>85	—	—	>85	>85	—	—	—	—

注：Ⅰ——园路及铺装场地；Ⅱ——管理建筑；Ⅲ——游览、休憩、服务、公用建筑；
Ⅳ——绿化原地。

1992 版《公园设计规范》中公园内部用地占比计算公式[12]

2016 年的公园设计规范比之前增加了对大面积公园（如 100~300hm²）的用地比例要求。绿化率仍然是绿地公园的首要考虑指标。游人主要可以开展活动的区域集中在铺装场地和游憩建筑。大面积的绿化因为后期管护以及“草地勿践踏”的观念，无法真正给人提供活动场地，人群活动区域比较受局限。

在用地比例表格里，用百分比的方式限制了公园用地里面的硬化面积。从有利的角度看，这些指标保证了公园里的绿化比房子多，避免在公园里过度开发商业用途；从不利的角度看，缺乏弹性的数字并不具备科学意义，反而可能成为好的公园设计、良性使用和运营的障碍。如果说城市规划是一个更偏向社会科学的行业，那么规范中的数字是怎么来的呢？绿地率的意义是什么？一个公园的绿地率为什么是60%，而不是70%或者50%？在生态专业领域，大家都知道一个常识，就是虽然一块草坪和一片树林都是“绿色”的，但它们的生态作用却是完全不一样的。一个良性的生态循环系统，是水从天上(成雨、成云）到地下（江、河、湖、海）的循环不被打断。建筑物、道路等“混凝土制品”，成为水生态循环系统上的一道“隔板”——雨水不能正常地渗透到地下，反而被集中到管道里流走。地下水得不到补充，相应地也不能反哺地面上的植被、空气。我国农业生产极为依赖地下水及河水来灌溉。有资料显示，20世纪90年代中期，北方平原地下水位平均每年都降低1.5米，从1965年到1995年间，北京市的地下水位就下降了37米。[14] 那么在当今世界一系列环境问题中，在这条水的生态链中，最关键的是如何让雨水回到地下去。

在下雨的时候，树冠因为可以承载一定的雨量，从而延缓了雨水到达地面的时间，延长了雨水的下渗时间。树冠的蒸腾作用，对降雨的意义重大，比如“亚马孙河流域的降雨有一半来自森林本身，剩下的才是来自河流或大西洋上空吹过来的云层”[14]。从这个角度讲，在一个绿化有限的城市环境中，同样是绿色的植物，树林比草坪更具生态意义。通过雨水下渗的概率和速度评价一块场地的开发是否破坏了原有的生态环境，也更为科学。所以说“绿地率”只是表面上的“绿”，并不具备生态意义。从完整的生态系统考虑，也许“雨水渗透率”这个指标更能科学地评估一个地方在开发前后的生态情况。

陆地面积 A_1 (hm²)	用地类型	公园类型					
		综合公园	专类公园			社区公园	游园
			动物园	植物园	其他专类公园		
A_1<2	绿化	—	—	>65	>65	>65	>65
	管理建筑	—	—	<1.0	<1.0	<0.5	—
	游憩建筑和服务建筑	—	—	<7.0	<5.0	<2.5	<1.0
	园路及铺装场地	—	—	15~25	15~25	15~30	15~30
2≤A_1<5	绿化	—	>65	>70	>65	>65	>65
	管理建筑	—	<2.0	<1.0	<1.0	<0.5	<0.5
	游憩建筑和服务建筑	—	<12.0	<7.0	<5.0	<2.5	<1.0
	园路及铺装场地	—	10~20	10~20	10~25	15~30	15~30
5≤A_1<10	绿化	>65	>65	>70	>65	>70	>70
	管理建筑	<1.5	<1.0	<1.0	<1.0	<0.5	<0.3
	游憩建筑和服务建筑	<5.5	<14.0	<5.0	<4.0	<2.0	<1.3
	园路及铺装场地	10~25	10~20	10~20	10~25	10~25	10~25
10≤A_1<20	绿化	>70	>65	>75	>70	>70	—
	管理建筑	<1.5	<1.0	<1.0	<0.5	<0.5	—
	游憩建筑和服务建筑	<4.5	<14.0	<4.0	<3.5	<1.5	—
	园路及铺装场地	10~25	10~20	10~20	10~20	10~25	—
20≤A_1<50	绿化	>70	>65	>75	>70	—	—
	管理建筑	<1.0	<1.5	<0.5	<0.5	—	—
	游憩建筑和服务建筑	<4.0	<12.5	<3.5	<2.5	—	—
	园路及铺装场地	10~22	10~20	10~20	10~20	—	—
50≤A_1<100	绿化	>75	>70	>80	>75	—	—
	管理建筑	<1.0	<1.5	<0.5	<0.5	—	—
	游憩建筑和服务建筑	<3.0	<11.5	<2.5	<1.5	—	—
	园路及铺装场地	8~18	5~15	5~15	8~18	—	—
100≤A_1<300	绿化	>80	>70	>80	>75	—	—
	管理建筑	<0.5	<1.0	<0.5	<0.5	—	—
	游憩建筑和服务建筑	<2.0	<10.0	<2.5	<1.5	—	—
	园路及铺装场地	5~18	5~15	5~15	5~15	—	—
A_1≥300	绿化	>80	>75	>80	>80	—	—
	管理建筑	<0.5	<1.0	<0.5	<0.5	—	—
	游憩建筑和服务建筑	<1.0	<9.0	<2.0	<1.0	—	—
	园路及铺装场地	5~15	5~15	5~15	5~15	—	—

注：“—”表示不作规定；上表中管理建筑、游憩建筑和服务建筑的用地比例是指其建筑占地面积的比例。

2016版《公园设计规范》中公园用地占比计算公式[13]

设施类型	设施项目	陆地规模（hm²）					
		<2	2~<5	5~<10	10~<20	20~<50	≥50
游憩设施	亭或廊	○	○	●	●	●	●
	厅、榭、码头	—	○	○	○	○	○
	棚架	○	○	○	○	○	○
	园椅、园凳	●	●	●	●	●	●
	成人活动场	○	●	●	●	●	●
服务设施	小卖店	○	○	●	●	●	●
	茶座、咖啡厅	—	○	○	○	●	●
	餐厅	—	—	○	○	●	●
	摄影部	—	—	○	○	○	○
	售票房	○	○	○	○	●	●
公用设施	厕所	○	●	●	●	●	●
	园灯	○	●	●	●	●	●
	公用电话	—	○	○	●	●	●
	果皮箱	●	●	●	●	●	●
	饮水站	○	○	○	○	○	○
	路标、导游牌	○	○	●	●	●	●
	停车场	—	○	○	○	○	●
	自行车存车处	○	○	●	●	●	●
管理设施	管理办公室	○	●	●	●	●	●
	治安机构	—	—	○	●	●	●
	垃圾站	—	—	○	●	●	●
	变电室、泵房	—	—	○	○	●	●
	生产温室、荫棚	—	—	○	○	●	●
	电话交换站	—	—	—	○	○	●
	广播室	—	—	○	●	●	●
	仓库	—	○	●	●	●	●
	修理车间	—	—	—	○	●	●
	管理班（组）	—	○	○	○	●	●
	职工食堂	—	—	○	○	○	●
	淋浴室	—	—	—	○	○	●
	车库	—	—	—	○	○	●

注：“●”表示应设；“○” 表示可设。

1992 版《公园设计规范》中公园设施的规定[12]

对于公园设施的规定，主要是依照公园的大小进行分类。活动区域除了活动场和活动馆以外，其余是偏向于休憩类的设施，如座椅和亭、廊、厅、榭。依照规范所指出的设施，公园内大部分的活动都是较为安静、群体性较弱的活动。这样的使用导向与现存的管理方式更加相得益彰，同时，不排除中国古典园林讲求的静谧、修心、观赏性等花园（garden）的文化传承对公园（park）规范制定产生影响。

逛公园提着几个塑料袋，装上零食和水，是很常见的公园一景。这种“去公园自带食品”和现在“去公园野餐”的概念不同，是缘于公园的服务设施配备不足。公园设施项目的规范可以解释这个现象的根源：除了厕所是必须的，公园里并不提倡其他餐饮服务（2016 版的规范在这方面得到改善，服务设施的种类增多并细化）。这样的现象，在有些国家公园里有所改善，比如黄山，但是在一般的城市公园里，出于管理方式、绿地率控制等原因，或者说城市规划在用地上的分类方法，使其很难得到突破。在游憩设施的分类里，除了亭、台、廊、榭的设计形式规定（来源于古典园林的设计元素）亟待与时俱进，更需要论证的是，公园里的服务性建筑物、构筑物是否有必要设定具体功能，如果要限定，限定成怎样的类型对现实更有指导意义。

总结下来，城市公园因为规范而呈现的一些“不得已”的状态，大概可以分成两个方面：

一、分类的方法。把类型学的一些分类方法应用到社会学上，看似在把社会问题理性化处理，但是因缺乏弹性而非常僵化，不符合人类社会本身具备的多样性、复杂性，比如：等级式分类，按大小、主次、重要程度分类，而不是根据需求配置数量；按性质分类为儿童公园、体育公园、纪念性公园等，从而将复杂的社会活动空间划分成单一、排他的功能空间。比如周末一家人出行，有老有小，各有需求，各有爱好，如果去儿童公园，意味着其他家庭成员就要牺牲自己的时间和爱好；一个公园里没有运动设施，要运动（使用球场）时只能去体育公园，就会给人造成不便。事实上，大部分家庭成员需要聚在一起的时间，需要一个可以运动、喝咖啡、玩耍的综合性场所，这才是更为人性化的安排。在良性发展的社会环境中，自然为家庭的和谐创造了条件。

二、指标。当精确的数字不能体现精确性的时候，它在现实中是否还有指导意义？这是我对规划指标提出的疑问。除了在公园规范中的一系列指标，比如对绿地率指标的疑问，控制性详细规划一块用地的居住、商业面积比例，一块用地有几个公园，又是根据什么来的呢？就算商住比例分配是对总体规划概念的延续，哪里是商、哪里是住的空间组合有各种可能性，在规划过程中是否应该更灵活一些呢？城市面貌的千篇一律，所有街头转角留下的大片空地，退红线建筑因为层高呈现的形态，其问题的根源是否应归为规划的结果？

设施类型	设施项目	陆地面积 A_1 (hm^2)						
		$A_1<2$	$2\leqslant A_1<5$	$5\leqslant A_1<10$	$10\leqslant A_1<20$	$20\leqslant A_1<50$	$50\leqslant A_1<100$	$A_1\geqslant 100$
游憩设施（非建筑类）	棚架	○	●	●	●	●	●	●
	休息座椅	●	●	●	●	●	●	●
	游戏健身器材	○	○	○	○	○	○	○
	活动场	●	●	●	●	●	●	●
	码头	—	—	—	○	○	○	○
游憩设施（建筑类）	亭、廊、厅、榭	○	○	●	●	●	●	●
	活动馆	—	—	—	—	○	○	○
	展馆	—	—	—	—	○	○	○
服务设施（非建筑类）	停车场	—	○	○	●	●	●	●
	自行车存放处	●	●	●	●	●	●	●
	标识	●	●	●	●	●	●	●
	垃圾箱	●	●	●	●	●	●	●
	饮水器	○	○	○	○	○	○	○
	园灯	●	●	●	●	●	●	●
	公用电话	○	○	○	○	○	○	○
	宣传栏	○	○	○	○	○	○	○
服务设施（建筑类）	游客服务中心	—	—	○	○	●	●	●
	厕所	○	●	●	●	●	●	●
	售票厅	○	○	○	○	○	○	○
	餐厅	—	—	○	○	○	○	○
	茶座、咖啡厅	—	○	○	○	○	○	○
	小卖部	○	○	○	○	○	○	○
	医疗救助站	○	○	○	○	○	●	●
管理设施（非建筑类）	围墙、围栏	○	○	○	○	○	○	○
	垃圾中转站	—	—	○	○	●	●	●
	绿色垃圾处理站	—	—	—	○	○	●	●
	变配电所	—	—	○	○	○	○	○
	泵房	○	○	○	○	○	○	○
	生产温室、荫棚	—	—	○	○	○	○	○
管理设施（建筑类）	管理办公用房	○	○	○	●	●	●	●
	广播室	○	○	○	●	●	●	●
	安保监控室	○	●	●	●	●	●	●
管理设施	应急避险设施	○	○	○	○	○	○	○
	雨水控制利用设施	●	●	●	●	●	●	●

注："●"表示应设；"○" 表示可设；"—"表示不需要设置。

2016 版《公园设计规范》中公园设施的规定 [13]

我们尝试着给自己做过的公园进行分类。如果按照规划上的习惯分，项目的性质很单一，大部分都是社区公园，除了个别公园处于大型社区内（成都麓湖云朵乐园、杭州良渚劝学公园、秦皇岛阿那亚儿童农庄等）并由社区管理以外，大部分最终回归到城市的管理体系中。还有个别的是城市里相对开放的场所，成为辅助商业的配套（武汉奇趣蛋壳公园）。从地理位置看，大部分处在城市边缘的新区，其实是中国城市化过程中的产物。

在过去十年参与修建过的公园项目里，尺度也比较类似，2~3 公顷比较正常，大的不超过 7~8 公顷。一个公园的建成，从接到委托，出概念、报批、画施工图、招投标，到落地建成，快的时候大约 8 个月，慢的时候 2~3 年（设计和建设的周期往往很短，时间往往耽搁在土地、规划报批的流程上）。即使这些案例局限在某一种类，我们还是希望可以管中窥豹，讨论一下公园在进入设计之前受到宏观政策的影响，比如：在什么地方，修一个多大规模的公园，这件事是怎么确定的呢？公园是什么样的性质，有什么功能，可以干什么、不可以干什么又是怎么确定的呢？在“城市规划中的公园”采访中，通过和一线规划师的对话，我们对这些问题进行探讨。

– 访谈：城市规划中的公园

*受访者：范菽英 **

采访时间：2022 年 2 月 9 日

文字记录　F：范菽英，T：唐子颖

T: 公园在城市管理部门中的规划系统里是怎样的一个存在？

F：公园的类型很多，只不过是不同体系，有很多种管理线（规划中使用的开发用地红线、河道水体的蓝线、公园绿地的绿线等）。近两年就价值取向上有点往生态保护发展了，不是唯开发、经济优先。原来我们规划上管理所属权方面很矛盾的也是有，比如有风景名胜区，也有创 A 级景区；有旅游开发，也有生态保护的要求，有些是“互相打架”的——每个部门有各自的诉求，比如 AAAA 景区的创建是文旅部门的诉求，但是风景名胜区又是住建部门的管辖范围。新的资规部门（规划和自然资源局）在总规里划红线——生态保护红线，这个就跟很多名胜风景区、自然保护地以及林区混在一起。

T: 现在的管理和界定方法是不是更复杂了？

F：是的。现在保护红线里面有非常多的禁忌，基本上就是禁止过度开发，原有的村庄要疏解，人要疏解。人的生活总是带来对环境的不利，而且也不利于人的共同富裕。比如水源地，原来村庄也是有的，越是这样的地方风景越好，越有开发旅游发展的诉求。就像大理洱海，因为过度开发影响了水质，所以就要限制（开发）。水源保护地更严格：原住居民慢慢地疏解，

* 范菽英，宁波市规划设计研究院副总规划师。

因为本来村庄就在空心化，所以现在就不再新批宅基地，也限制搞旅游，等等。但是也不是一点都没有，因为这些地方风景特别好。红线保护以生态保护为主，有很多有红线的“杠杠”，可以做什么，不可以做什么，这些生态保护红线都在总规里划定。

T: 红线由谁来划定？场地边界的红线、蓝线、绿线等边界线，最终是否由规划局确定其法定效益？

F：由规划局来定线，作为空间用途管制。红线、蓝线是各个部门的管理线。蓝线是相关水利的，绿线是相关园林的。还有各个权属，比如这块地是万科的，那块地是宝龙的，这之间也是线。生态红线是“很杠的”（不能动）总体规划的线，我们分各个规划的层级，然后下到各个部门的管理或者是各个地籍的权属。

我们规划需要的是这种管理，规划上的空间管理，空间资源的分配。比如说这里要布置一个小学，那边要布置一个医院，它们都是属于公共服务设施的；要做这些布置，还有道路的空间，城市公园的空间。公园也是分级别的。城市里面是城市公园，城市外面有山水林田，也有自然保护公园，也有国家公园，也有其他的风景名胜区公园，等等。

城市建设里面的城市公园算建设用地。现在又不一样了，因为建设指标非常紧张，有些地方根本就没有作为建设用地，还是农地，非建设用地，但也不能说它不是公园。可能是林地，可能是耕地。做不做公园，其实跟地（用地属性）没什么关系。

T: 规划部门根据什么来规定一个公园的绿地率呢？绿地率 60% 和 70% 的区别是什么呢？绿地率 65% 又是根据什么设定的？

F：根据多少人口，人均要达到多少绿地或者绿地覆盖率。城市的发展需要有一些总体控制。城市公园的绿地率至少达到 65%，没有绿地，都是硬地，凭什么叫城市公园呢？绿地率在不同级别的公园、不同的城市是有所不同的。我们规划也讲求你需要什么，甲方需要什么，周边的居民需要什么，这些都是可以商定的。规划是人文科学，社会公平。

T: 一座城市的公园，不只是由绿化率来控制，不只是绿地和硬质的比例关系吧？

F：我觉得我们国内的公园太硬质化了，铺装太多，汀步也很不好走，夯实的泥土为什么不可以用作路面？硬质道路要达到什么样的配比才是比较合理的呢？我们国内的配比是有点高的。场所为什么一定是要硬化的呢？一个口袋公园，其实也不会做得“很绿”，还是要看它本身设计成什么样子。规划给出一些条件，至于做成什么样子，真的都是景观做的，不是规划做的，规划负责的是布局上合不合理。比如可达性、连接性，作为公共开放空间的秩序是不是合理？这就是布局规划更注重的东西。布局好以后，划定一个四至边界，它就是用地属性。最后建成什么样子，规划一点都插不了手，我们“鞭长莫及”。

T: 规划间接控制了很多，对很多事情的决定挺重要的，比如说配给。这座城市有多大、多少人口，应该配几个公园；应该多少面积配一个小学等。

F：规划本来就是在做配置，都有人均指标，就是按需求配置。或者是供给，或者是需求。空间不是配置是什么呢？配置也有计划配置和市场配置。比如上海每 10 万人要有一个图书馆，这也是城市规划公共服务设施指标里面规定的。

T: 类似这样的规定依据是什么？

F：公共服务设施是有各个级别的。有市区级的，下面还有更细的还有每个社区的，我们规划很有层级的，很有逻辑的。只不过是在政府管理过程当中可能不够多样性、多一刀切，但有时候也是出于管理的目的。同时，我们也提倡多样性、包容性。

太湖雁归来是苏州西山岛雁归来社区和太湖之间的一块带状绿地。由于环保政策的变化，地块内的建筑必须退让 50 米作为太湖沿岸的生态保护区，因此，这块地属于住宅用地的绿地变成了社区公园。公园不对外开放，专供雁归来社区居民使用。

场地在成为别墅用地之前是一片湖滨滩涂，标高仅高出太湖 0.5 米左右，会被季节性淹没。受太湖生态规范的制约，为防止湖水的冲蚀造成坍塌和水土流失，场地被抬高到淹没线以上，驳岸也被适当加固。

而且我纠正一个观念，比如河道的范围是通过蓝线控制的，但是建的时候没有说蓝线就是做一个直直的堤岸，它只是管理线，做的时候还是可以做成坡道的，做成漫滩的，还是可以蓝绿融合的。没有说这条线这边是归水利部门，这边是归林业部门的。管理线只不过在空间上界定你是这个面积，我是这个面积，但是在现实中应该是蓝绿融合的生态空间，建公园的时候就是自然的河流。

T: 感觉水利部门是管理部门里最强势的，因为涉及民生（百姓的生命安全），（蓝线）是动不了的。比如河道截面因防洪需求一定要拓宽到多少。绿化部门是否也有类似的要求?

F：有要求的，比如对创绿化城市有要求，要达到多少（指标）。但是我觉得体系关联度不是特别大。规划管得严是一个片面，规划对公园的限制已经很少了。

T: 现在的公园为什么都是有管理的？公园可不可以开放呢?

F：要开放，可达性要更好一些，现在公园入口都是限定的。公园（应该）是没有围墙的。我觉得园林、传统园林，像拙政园，是有围墙的，本来就是私家园林发展来的，可能亭台楼阁需要有，也不用都放开。但是从规划上，城市公园应该是向公众开放的、可达性高的、生态的、自然的、可以呼吸的。但在城市规划组织过程中，需要考虑秩序，人的动线流向是交通秩序之一，有时不想（让人）无缝地进入公园，考虑到有一些交通组织，如人行横道在哪里等，公园的入口会与之衔接。规划希望有人的动线组织。

规划主要是管理这块地的用途，可能对公园来讲会定个指标。比如现在很多公园还有社会停车场，为城市配一些车位，那就有人车分流的要求。如果有一些公共配建，比如公厕、变电所，都是有可能的，或者配一个社会停车库，那就会有一些主要入口的方向，包括人车分流的要求。

T: 公园还有大小规模、分类，比如市级区级的、历史的、文化的。为什么去儿童公园才能玩上儿童的东西，或者只有去体育公园，才能够做运动。为什么不能去一个公园什么都做呢?

F：给公园一个主题不好吗？比如这个是城市公园、区级公园、社区公园，这个是口袋绿地，这个是沿河公园，或者专类的儿童公园，有很多种类，现在也是多元性的。儿童公园，有儿童设施，面向儿童多一些，然后也可以放个篮球场。主题不同而已，规划部门没有那么细的规定，这是园林部门的工作，有一些专类公园，要达到这个要求，比如城市里面有个儿童公园，一百万人要有一个体育公园，等等。

T: 宁波的地方规划和别的地方会有不一样吗?

F：国家有国家规范，省有省里的规范，地方比如上海会有地方的规范。一般都不能突破国家的、省里的，可以提高自己的要求，叫作国标、省标、公共服务设施的配比等，地方（标准）可能极高，比如上海，本来就相当于一个省里的要求，那它自己要求会更高。在每座城市都会有（类似情况），根据自己的特色会有一些不同，根据自己的资源会有一些不同。有些地方没有制定自己的标准，符合国标就行了。

T: 现在国土局（国土资源管理局）合并以后对规划有什么影响?

F：做规划的方式就不太一样了，原来建设用地是我们的主要的规划对象，现在山水林田也不能忽视，而且首先要为它们划上保护线。比如做乡村建设规划，现在不仅是乡村的村庄部分，山水林田都要做，包括乡村中的建设部分也要做。所以建设新农村，农村也要配篮球场，也要配医疗室，这是建设的方面。但现在各地建设用地已经太多了。原来土地管理的这一块一直是建设用地在增长，建设用地的增长也是基于粗放的发展，占用耕地，占用非建设用地，现在建设用地控制得很严。就是农地的红线要保牢，生态红线要保牢。这些是在我们以前的规划里面比较疏忽的地方。原来都是发展，城市都是扩大，所以道路交通一轮轮地做，然后城市摊大饼。现在建设用地不可以无限制扩大了。

T: 怎么确定生态这根线呢？什么样的自然状态是生态的？

F：首先它是自然决定的。山水林田，山水很好的，坡度很高的，没法建设的，水源地的，地震、地质薄弱地带的，等等。像宁波本来就是百分之五六十都是山水，建设用地相对较少。成都在盆地里，周边四姑娘山就不能建了。而重庆是山城，不过地势高，很多建设用地只能利用山势建在山上。所以山水决定生态红线是相对而言。有平原的地方，基本建在平原上。

T: 会把人工造的林都划为自然生态保护吗？退耕还林时期的林带没有品种多样性，用地也是以前山上的耕地。

F：不一定。有时要划出来。生态保护红线划得非常少，很多地方都不愿意把它划上去。如果一定要划到，也是要看占到总用地多少量，比如25%，然后每个地方也不一样。像深圳基本上就没有生态保护红线，划也划不出来，山上也可以建。现在基本上每座城市都想少划，划了就不能建设发展了，旅游也不能发展，路也不能建。少划可以通过不建控制建设量，但是划了就一定不能建了，问题特别多。这就是一个平衡，不能完全一刀切。

T: 保护线是不是由生态工程师确定？比如定义湿地的范围线，应该是很科学的。

F：可能没有那么科学，虽然也是基于生物多样性方面的考虑。政府部门只是程序上的管理者。保护线还是专业人员划，规划部门划的红线也是由生态部门划的，地质部门划的。我们只不过是制规（制定规范）部门，最后把它总汇到一张图上，然后做空间管理。生态多样性的量化需要专业的部门来做。

现在每一个规划部门都有空间管理的内容，有的跟土地在一起，有的跟住建在一起，有的跟交通在一起，但一定都有个空间管理部门。规划是一个统筹。区域平衡，眼界更宽，包容度更大。里面的建筑、景观、交通等都是涵盖的。

T: 规划不是多个部门协调出来的吗？

F：那也要有一个部门来统筹，是在协调。规划不是一言堂，跟交通、跟生态、跟环保、跟水利、跟园林，总要有一张图用来协调统一。规划是最没有部门利益的，因为做的是统筹、平衡和协调的工作。

在土地管理（国土部门）上面那一套项目的产出，不是立体的，是平面的。规划能够造房子、造公园，房地（建筑和土地）不分离，它是有意义的。上海十年前就合一起了，上海先行先试，我们觉得这样是合理的。现在从城市建设到生态修复、区域保护，这样的一个更加系统、完整的建设、修复、保护规划原则和价值取向被国家更肯定了，这样才国土、规划合并的。

目的是不要做两层皮的规划（一个国土规划，一个城市规划），要多规融合。现在就做一个规划，城市规划与原来的土地规划结合在一起。土地规划的问题是比较务实，所见即所得，比较趋于对现状的梳理。城市规划的问题是一做30年、50年规划都是虚拟的——事实上，三五十年的过程当中社会变化和发展很大，规划往往就会显得滞后。以前规划这个盘子放得太大了，对发展建设比较重视，对生态的保护缺乏权衡考虑，造成对田地的占用、车行交通的无度等等城市病的反应特别明显。那么现在悬崖勒马一下，我觉得大的价值观还是“青山绿水是金山银山”这样的方向。概括起来就是建设用地的受限制，生态红线的保护力度的增强。

访谈后，我们通过问卷调查的方式向受访者补充了三个问题：

问题1：为什么配置式的规划是合理的？为什么不是根据需求决定？

答：规划是按需配置的原则，这需求分为现实的和未来的。规划是未雨绸缪，按现实、近期、远期实施计划，这种需求在空间规划上是空间主导，比如一个社区，用地规模、建设规模、可容纳居住和就业人口规模是未来10年的建设发展计划，那么教育、医疗、文体、公园等都是按10年后的规模进行控制的，当然10年中会有不可预知的变化，规划也有可调整的程序。

问题2：等级式的分类方法的依据是什么？把社会群体存在的空间从大到小、从主到次按照某种秩序划分的意义是什么？自然形成的社会群落也会遵循相似的模式吗？

答：分类体系是园林部门的，不是规划的，规划其实对用地的控制比较单一。但规划上公园的公共配置与文教体卫公共服务设施有相类似的分级配置：市区级—社区级，规划分级配置能保障公服体系的完整性，比如医院最显著，三甲综合医院—社区卫生服务中心—社区卫生服务站，使用时各取所需，现在提到“15分钟生活圈”，一公里半径要有社区公园、体育公园，就近社区居民服务。规划是政府公共政策，会像货币政策一样，与经济相关，比如上海高品质发展，其他城市也就基本服务保底线。经济好了，标准提高一点，地卖不出去了，可能公园也建不起来了。现在就是，公园没有钱来建，也没有地来建，新一轮空间规划里，很多绿地不是城市建设用地，而是保留着农田耕地。这就是与土地合并后，发现不造房子的地有更多分类，土地部门是务实的，保障吃饭，规划部门很超然于未来。

问题3：主题式的分类方法（比如儿童公园、体育公园、纪念公园等）其包容性体现在哪里？如何用这种分类方法体现综合使用？

答：分类是主导性，但根据区位、规模，混合性肯定是原则。还是因人而异、因地制宜吧，规划对公园的限制条件可以忽略，我们对建房子的要求才多些。今后你们做景观，要明确地类（用地分类）是什么，是乡村集体建设用地、一般农田或林地，都不一定是城市建设用地，若不是，更没有控制的指标限制。

通过这篇采访我们可以了解到，首先，城市公园从规划师的角度看是一种建设用地的类别。它和其他土地性质之间有一定的配比关系，而这种关系需要理性判断并且人为控制，由于这种关系涉及社会人文学，因而无法进行严密的科学推理和演绎。

其次，现在随着国家政策的改变（比如强调生态保护），城市公园的用地性质发生了微妙的变化。以前打擦边球的做法，比如把林地、农地做公园，可能会被严格限制，同时面对社会对公园的需求，公园的做法可能会更加灵活。需要公园适应土地，而不是改变土地成为公园。

杨柳郡西公园

杨柳郡公园位于地铁的“车库”（专业名称为“地铁车辆段”）上盖，距离地面约3层楼高度（车库＋结构转换层）。作为杨柳郡约4600户规模的住宅区绿化配套，该公园分东、西两部分，由开发商代建，最后归还区绿化部门管理。

从城市设计的角度，地铁车辆段庞大的体量（密集的列车轨道线、库房建筑等）给城市的地面交通系统、绿化体系等带来很大的干扰。对其上盖开发利用，使其与周边的居住、休闲娱乐、商业等活动更好地衔接，是世界上关于轨道交通成功发展的共识[15]，称为TOD（Transit-Oriented Development）。

我们设计的杨柳郡西公园，实际上是一个大的屋顶花园（约7万平方米）。屋面上有15个通风井，每个高1.8米；屋顶排水沟纵横，并且多向坡度；每级1.5米高的折线台地共3级，在约7万平方米的用地里面还包括幼儿园、托老所。设计关注的是充分利用现有的高差和台地，尽量减少土方，搭建营造一个自循环生态系统；对通风井不是遮掩而是利用（比如是否可以成为鸟类迁徙的栖息地等）；为居民提供丰富的生活内容，比如运动健身、种花种菜等。

因为公园在建成后会移交区政府管理，所以方案需要报批。报批过程中得到的一些修改意见曾经让我们非常不理解，比如：为什么公园里不能有篮球场、网球场这样的运动设施？为什么不能正常使用灌木、草坪？为什么要多用常绿地被？为了通过报批，设计的篮球场作为预留场地在项目完成之初没有建设。*（浙江杭州 | 2018 年建成 | 3.6 公顷）*

地铁上盖公园的初始状态

受访者：杨柳郡业主

采访时间：2022年8月21日

问题1：设计之初，杨柳郡西公园的篮球场在评审的时候被取消，用地作为预留，修建的时候把场地空了出来；但是，后来篮球场又被建了出来，这是什么原因呢？

答：杨柳郡西公园的场地是代建绿地，当初在设想的时候定义为市政公园，如果加了运动场，就要定义为体育公园，当时不允许改变公园性质；但是杨柳郡甲方（选择）把这个场地轮廓保留下来，为日后如果要建篮球场保留了可能性。公园建成后，由于居民反应需要运动设施，最终这里又变成了篮球场，而且免费开放。旁边设计的足球场还是没有建起来，因为草皮维护成本太高。

问题2：杨柳郡设计上有一个雨水生态系统，用来收集地铁上盖的地表径流，所以公园里有一些水渠、池塘、湿地等，现在的状态如何了？

答：由于天气太热了，现在那个阿基米德取水器的池塘都干了，夏季基本都是干枯的，春秋时段是有水的。现在池塘的植物长得太密了，玩取水器的体验没那么好。其他的地方水量也没有那么多，只有比较深的地方会有水。其实，当时由于施工问题，整个水生态系统没有完全贯通起来，所以水（量）总体上不是很多。

上图：报批没有通过的篮球场后来通过居委和物业的努力修了出来

左图：建成后的西公园让人很难想象这个覆土约1.5米厚的"屋顶"下面是地铁的"车库"

曾经有居民使用的菜地

问题3：公园西边的场地设计是种植农场，现在状态如何了？

答：交付的时候有一些花卉，开发商种的。现在都是草皮，空在那里。那个地方太偏了，对于小区居民来说它是一个远端，所以小区里面也几乎不会有人走过去，而且那个场地上的管理用房、厕所现在改成保洁工人的休息间，人也就更不会往那边靠近了。

问题4：你认为杨柳郡总体的使用效果和整体面貌如何？后期总体运营效果怎么样？

答：当初公园设计评审经历了一些波折，公园的设计形式和语言是不被接受的。市里专家的想法还是延续西湖的设计理念：自然的道路，自然的种植；然后就是考虑养护成本，希望设施少一点，成本低一点。但最后还是建出来了，而且周边居民入住后还是很喜欢来这里，能满足居民的需求，这等同给了管理部门一个反馈。考虑到整座城市人口密度和环境的变化，他们也在慢慢接受新的形式。

（作者补充与纠正：东公园应绿城甲方要求延续古典园林的设计风格，由一家苏州设计院设计。西公园在评审过程中遇到的主要问题不是现代和古典之争，而是现代公园的“市政”思维，比如要有主次环路，要符合当下的维护技术和水平。篮球场因为属性问题，评审部门建议取消。）

这个公园是代建的，现在已经交还管理部门。整体运营和维护跟小区内部的物业相比，还是欠缺了一些，像滑索一类的设施，可能觉得有安全隐患，后面就没再维护了。那些通风井的瞭望台维护水平很低，很多东西时间久了，看上去还蛮旧的。去年塑胶场地和儿童设施那里围了很多钢板，说是维修，但都好几个月了，居民觉得管理部门可能想把这个公园关了。

公园的湿地部分在建成初期的状态

湿地部分的状态
2018 年 9 月

水生植物休眠后的状态
2022 年 1 月

虚构 / 重适

回顾张唐景观设计的公园，大部分属于“非公园”用地范畴，不仅位置离城市中心很远，而且用地基本不是规划中专属的“公园用地”——有的是林地、农地，有的占用了规划道路，有的是街角绿地、滨河绿化带，有的是开发商自己把不能建房的地方“变成”了公园。这些公园，除了给社区使用，没有太多“重点项目”中需要关注的文化政治意义；也因为不受“瞩目”，少了很多不必要的设计前提和干扰因素——设计的出发点相对简单，有利于在使用者需求方面做得深入。那种一定要牵强附会地给公园一个“意义”或者“故事”的做法并不是做一个有趣的公园的重点（虽然应对市场、营销需求，基本上在每一个公园的设计中我们都需要“讲故事”）。

即使有这样同质化的背景，每个公园设计仍然有它的文脉（context）。对文脉的挖掘往往是我们设计的切入点，综合种种因素，决定什么条件下是虚构，在什么样的场景下需要将根据其文脉重新构建的框架再次适应场地。虚构是对场地的想象力；重适是对场地千差万别的辨识力。

苏州雁归来长 580 米，宽 50 米，这个带状的空间被分为一系列尺度不同的空间并赋予一定功能，包括户外泳池、活动草坪、儿童活动区、篝火广场等。受到太湖“陨石撞击说”成因的启发，我们利用地形和植被将各个功能空间进行划分，各个空间在临湖一侧开敞，其他几个方向具有适当的围合度。

基本思路

每一个项目开始的时候都需要了解甲方的诉求和设计要求，然后就是了解场地并着手设计。按理说，设计师在开始设计时总应该先了解项目使用者的需求；但是很遗憾，我们的景观项目里使用者至少在设计环节是缺失的，尤其是在一些新开发项目里。我们不知道谁将会最终成为使用者，不是管理部门，不是开发商，也不是我们设计师。虽然设计师不应该将设计决策完全依赖于公众参与，但完全不了解使用者的需求而做设计更加不可思议。

可以假设的是，“我们”如果摆脱设计师身份作为社会中的个体，可能会是这个未来公园的使用者，由此来想象它的景观应该是什么样子的。作为中国当代的景观设计师，我们并没有太多的前例可循。在探索的过程中，可借鉴的有古典园林，不管是东方的还是西方的；有各种风情度假酒店；也有西方现代时尚的公园，不管哪一类，都有各自特定的使用人群。换个角度讲，作为社区旁的日常公园，最终它需要承载的是人们的日常生活。孩子们将会在这里成长，邻居会在这里相识，也会在这里逐渐老去。出于这样的使用者需求的角度，对于这类公园我们会从几个方面来考虑：

首先，公园可以成为良好的社区文化建设的载体。一般来说，社区建成交付以后，居民会在一个相对较短的时间内入住，公园将会给新的社区居民提供认识、交流的机会。兴趣小组和小型社团是良好的社区文化必不可少的组成部分，比如老年人的广场舞、太极、广场书法、棋牌、园艺等兴趣小组，年轻人的瑜伽、跑步、球类运动社团，以及以家庭为依托的各种亲子活动小团体。公园的设计可以给这些活动预留未来发展空间，居民入住后会逐渐自发形成一些小型社团，这些小型社团和兴趣小组在公园相关场地的活动将会促进社区文化的形成。一个可持续的社区需要居民自发地参与社区管理。通过鼓励居民的交流，形成友好的社区文化，我们希望社区居民积极地参与公园未来的管理和维护。

其次，公园可以作为伴随下一代成长的户外活动场所。对于社区新的居民来说，社区公园是日常繁忙的生活之余休闲放松的地方，但对于在这些社区里长大的小朋友来说，社区公园的意义将要大得多，因为它将会是他们成长的一部分。对于在城市长大的小孩，公园提供了一个与自然接触、在自然中玩耍的机会。玩耍对于小朋友来说是不断发现和锻炼自己身体机能能力的一个过程。不管是低龄阶段的爬和走，还是逐渐发展出的跑、跳、钻、滚、攀、转等活动，对于小朋友的身体发育都非常有益。现代城市里儿童肥胖症已经越来越引起大家的关注，究其原因不外乎是营养过剩而运动量不足。社区公园里的儿童活动设施应当有一定的趣味性，以鼓励小朋友每天有一定的户外活动量，从静态的、舒适的室内环境以及电子产品中走出来。

再次，公园可以作为日常生活的重要功能场所。观察市民在公园中的行为，会发现有些老旧居民区由于居住条件有限，旁边的公园有时甚至会承载一个人除了睡觉以外的几乎所有生活功能。在新发展的社区，随着城市生活水平的提高，居民对公园的功能要求也不断增加。中国传统的城市社区公园基本上以观赏功能为主，加上少量的成人健身设施，远远不能满足现代居民对日常活动的需求。单单就运动项目来说，传统的羽毛球、乒乓球早已不够，滑板、轮滑、飞盘等新兴的运动方式层出不穷。除此之外，虽然社区公园的休闲功能与传统城市公园相同，但由于使用人群相比一般城市公园更为固定，休闲活动总是和“邻里交往”这一社交行为相关。按照人群来分，社区公园里的休闲社交大概包括以下几类：中老年人的群体健身、宠物社交（遛鸟、遛狗等）、朋友聚会、家庭活动和亲子活动等。

最后，公园可以作为生态环境教育场所。生活在现代都市的人缺乏与自然接触的机会，日常工作和生活中的压力得不到缓解。而日渐严重的环境问题、空气污染归根结底在于人们对物质的贪婪和对自然的无知。要想改变这种状况，除了强化法律法规之外，我们认为应该从两个方面入手：加强人和自然的关系，让自然成为日常生活中必不可少的一部分，并且能让人充分感受到自然的美、自然对人的价值；另外，通过无处不在的环境教育，让人们能了解到自然生态系统，了解到人在自然生态系统中的位置，最终重塑人与自然和谐生活的理念。

从使用者的角度思考，我们会知道公园里面需要有一些什么功能，而从场地出发的思考，会让公园具有独特性。各个项目的现场状况不同，有的场地非常复杂，不管是地形、植被还是周边条件；有的场地有很多不好不坏的元素（比如一个不高不低的土丘，或者人工撒播种子形成的一个单一品种的树林），但又没什么特色，食之无味、弃之可惜；还有的场地里什么都没有（原始基地特征已经被清除），似乎让人无从下手。不管是哪一种情况，对场地的解读在设计中都至关重要，而且，对于场地的解读往往并不限于设计的用地红线内。

举例来说，武汉奇趣蛋壳公园的场地拆迁后现状平坦，没有什么可被设计利用的有价值的元素，场地本身很难挖掘出什么故事；但场地与汉江仅仅一路之隔，靠近汉江汇入长江的位置。由于防洪的需要，沿汉江的堤岸被完全硬化，并且高出城市道路。虽然近在咫尺，人们对于江水却只能眺望。设计受到两江交汇口这座城市地理文化特征的启发，提出“冲积扇”概念：未来社区的人流从北侧商业街进入抬高的商业广场，并通过中央通道大台阶进入公园。整个公园就像是河流末端的冲积扇一样，由两栋建筑之间“流入”，形成整体的空间意象。中央部分的水景受河流形态启发，设计溪流、浅滩、沙洲、迷雾等景观鼓励人和水景的互动，让人感受到一丝自然河流的气息。广州大鱼公园项目里，现场在“三通一平”后，所有的历史痕迹都被抹去。我们通过研究历史卫星图像，对于这块地的过去才有所了解，知道这里曾经是一片人工养殖的鱼苗场。受此启发，我们通过竖向和植物设计将这些不同时间维度的景观都叠加在一起，植入功能场地，成为一个暗示着历史的现代城市公园。对于这两个项目来说，场地本身没有什么可被设计利用的有价值的元素，但通过对周边环境的解读，我们赋予了场地新的内涵，使得项目更加独特。

相反，在福州云湖自然探索乐园的原有场地地形和植被都十分丰富，设计的难点在于在原始自然条件如此丰富的情况下，人工景观应该介入多少。通过研究福州当地的地质和自然历史变迁，我们发现场地与周边水库的关系类似一个缩小版的福州和海洋之间的关系，能反映出福州通过海侵、河侵和泥沙冲击逐渐形成人类聚落这一自然历史特征。最后，我们将公园定位为自然探索乐园，以尽可能少的人工介入保留原有自然状态：一条“∞”形的流线将一系列受自然元素启发而设计的景观节点串联在一起，让人在自然之中了解自然。同向类比长沙山水间项目，由于原有的山坡人工林地和池塘荒废多年，植物已经过度生长到难以进入的程度。在这么一个场地里，人工景观又要介入多少才能将场地转变成一个适宜现代生活的社区公园？我们根据场地的特征，将“人栖居在山水之间”这一概念充分诠释。对山林植被和水系的梳理，再加上活动空间的植入，这片植被茂密得难以进入的自然场地被转换成周边社区日常生活中的有机部分。对复杂场地的精细解读有利于我们决定设计在场地中如何介入，人工和自然的比重如何划分。我们既不能无视场地，也不能被场地控制。

上图：大鱼公园现场所有的历史痕迹都被抹平；下图：云湖自然探索乐园丰富的地形和植被

空间结构

景观空间不容易被认知（invisible），无论是对专业还是非专业人士都如此。我们长期以来习惯使用效果图、照片，以及动态影像等作为主要的交流及表达手段。很多照片上传达的景观项目，在现场感觉非常不同："真实场地原来这么小""真实空间原来这么拥挤"；一些没那么"上镜"的项目，现场感受可能非常舒适。

对于景观空间的认知（3D mind），有研究认为像色盲一样，很多人并没有天生具备。景观空间不完全建立在视觉范畴，还有身体范畴，包括听、嗅、触等知觉感受；此外，它经常没有固态（objective）的边界，随着人的动态变化而改变。类似的见解在很多景观设计师的理论中都有充分的研讨，比如贝尔纳·拉素斯（Bernard Lassus）和伊丽莎白·梅尔（Elizabeth Mayer）等。在城市当中，一个公园的边界往往被人工构筑物、建筑物界定，我们无法改变其大小、体量，而在人的有限的视域范围内，"竖向的"永远主宰"水平面"。比如同样面积的一块场地，在周围是远山、河流等自然景观的条件下，看起来要比周围是高楼大厦的大得多。

真正"有趣的公园"与一般"市政公园"最大的不同是空间结构。我们意识到这个不同是在长沙的山水间、成都麓湖的云朵乐园、广州万科的大鱼公园等几个"网红"公园建成的时候。开园时，公园里到处是人，以至于在照片上看不到公园本身的样子。几个项目的场地特征各不相同，对应的空间结构处理方式也各有特色，简单概括，山水间依赖了原始的山地水塘，云朵乐园是滨河狭长地段，大鱼公园是已经被平整得"一马平川"。

长沙山水间的原始用地是一片被住宅用地包围的“孤山水”

12
13
12
01
02
03
04
05
06
07
01 公园主入口
02 鱼骨亭
03 海星农场
04 戏水沙坑
05 温室咖啡馆
06 生态水池
07 农庄入口
08 滑索
09 海螺装置
10 木桩探险
11 章鱼滑梯
12 刺槐林栈道
13 光之环

空间结构的设定是因地制宜的。一块场地本身是否“有空间”，结构呈现什么状态，设计需要服从还是另外搭建，是设计之初需要根据现场条件明确的空间关系。大多数情况下，我们拿到的场地是建筑群的附属，场地没有特征——即使是广州大鱼公园原本是鱼苗场这样的场地特点，也在开发之初被抹平了，很多场地甚至是房产开发用地挤出来的边角“废地”，比如成都麓湖云朵乐园是滨水绿地，中间还有一条沿河规划的消防通道穿过；秦皇岛阿那亚儿童农庄是原刺槐林防护沙丘地在道路边界的一块塌方地段，从用地属性上看，应该局部属于防护林地，局部是道路转弯的绿化用地。有些场地占用了未来的规划道路，比如广州大鱼公园，后来规划道路在建设中拓宽，部分公园也被拆除；杭州良渚劝学公园原本是农业用地，上方有高压线塔穿过。有些是非建设用地，比如杭州杨柳郡西公园利用的是地铁上盖。

对于场地本身条件恶劣、没有空间特征的环境，公园的设计需要重新搭建空间关系。应该说我们接手的一大部分工作都是这样的前提条件。当逐渐有些场地开始介于城市与郊区的边缘，山、水、林等一些自然地理形态开始出现，为公园设计的空间形态带来了丰富的基底，这时我们会让设计的骨架与场地相互依存，进退有度，比如福州云湖自然探索乐园、安吉鲸奇谷。

秦皇岛阿那亚儿童农庄是道路与林地之间的“边角地”

空间结构的形态是三维的，图纸上无法呈现。一些平面几何关系的点线面，在传统设计学中让平面看起来很丰富，却与空间无关，与人的体验更加无关。在一些需要参加评审的项目中，我们的设计图因为缺乏传统公园在平面上呈现的曲折复杂（这里的“传统”是指近现代城市建设中依照规范而生的模式化公园，而非时间概念上的古典园林），以及缺乏概念中的所谓“主环道”“次环道”，常常被以缺乏“市政公园逻辑”诟病。突破公园在平面上的复杂、实际使用中的无趣的关键，是设计的出发点——是为了使用的人，还是为了审图的人？具体地说，虽然公园里的散步或跑步道是人们需要的，也是很多项目都会有的，但人们到公园里不只是为了走路，人们在公园的行为可以是多样的。在很多地方，路径会变成场地，场地的功能是多样的，可能因为到了水边，大家可以停留，可以坐下来，可以靠近水边走走——人们在水边的行为也是多样的；有高差的地方，可能是台地，也可能是小小的眺望台，或者起伏的坡让人或坐或卧。空间的丰富，符合人的行为多样化，让人有所选择；同时空间具备一定的包容度，可以满足不同群体的不同使用方式，让人有创造性地使用场地。

以武汉的奇趣蛋壳公园为例。设计之初，按照合作的境外设计公司建筑团队的要求，这个街道交叉口的绿地，就是简简单单种些树——哪些地方多种些，因为建筑需要遮挡；哪些地方少种些，因为建筑里需要视线。作为有海外学习和工作经验的团队，我们非常理解这样的要求和思路——很多欧美的景观都是以建筑为主导，景观越简单越好；但我们知道，这不符合国内社会、市场的需求。抛开投资方想要用“网红公园”打造地标的诉求不说，在文化上，对于“花园”——这个曾经在审美上强调个人品位、营造上依赖工匠、所有权为私属并带有艺术特征的社会产物，公众的期待没有随着“花园”向对公众开放的“公园”的演化而转变，他们的需求也不只是有“绿化”。像花园一样，要有看的（艺术性）、有玩的（娱乐性）、可“逛”的（参与性），才称得上公园。相比一些国外的社区公园强调实用性、以大草坪为主导的公园空间设计，我国的居住空间密度、人口密度、地理环境背景、人的户外行为模式（人文环境背景）可能需要更加复杂的空间关系，才能满足多方诉求。我们需要逐步发展相应的、适合“此”环境的户外公共活动场地。

从设计师的角度，重要的是要把握设计之初所有来自甲方、建筑师的“要求”或者诉求，无论网不网红、种不种树，都属于设计的条件，即和场地高差、周边道路一样的硬性条件，但这些不能是我们的设计目标。无论是种树还是网红，人的使用、在场地里的体验才是第一位。把这个事情做到了极致，公园的形态其实就不重要了，无论是夸张跳脱的，抑或隐秘低调的（往往是场地条件、项目诉求等先天条件决定的），都是表象和语言，是一种表达方式罢了，重要的是人在里面感受到了什么。与武汉奇趣蛋壳公园相反的是杭州良渚劝学公园，在用地北边隆起一个大地形，似乎空间结构很简单，实际上却为场地重新搭建了空间结构，螺旋向上的坡道、地形中的微起伏都成了开放性、创造性使用的机会，给人带来了丰富的空间体验和使用上的多样性。

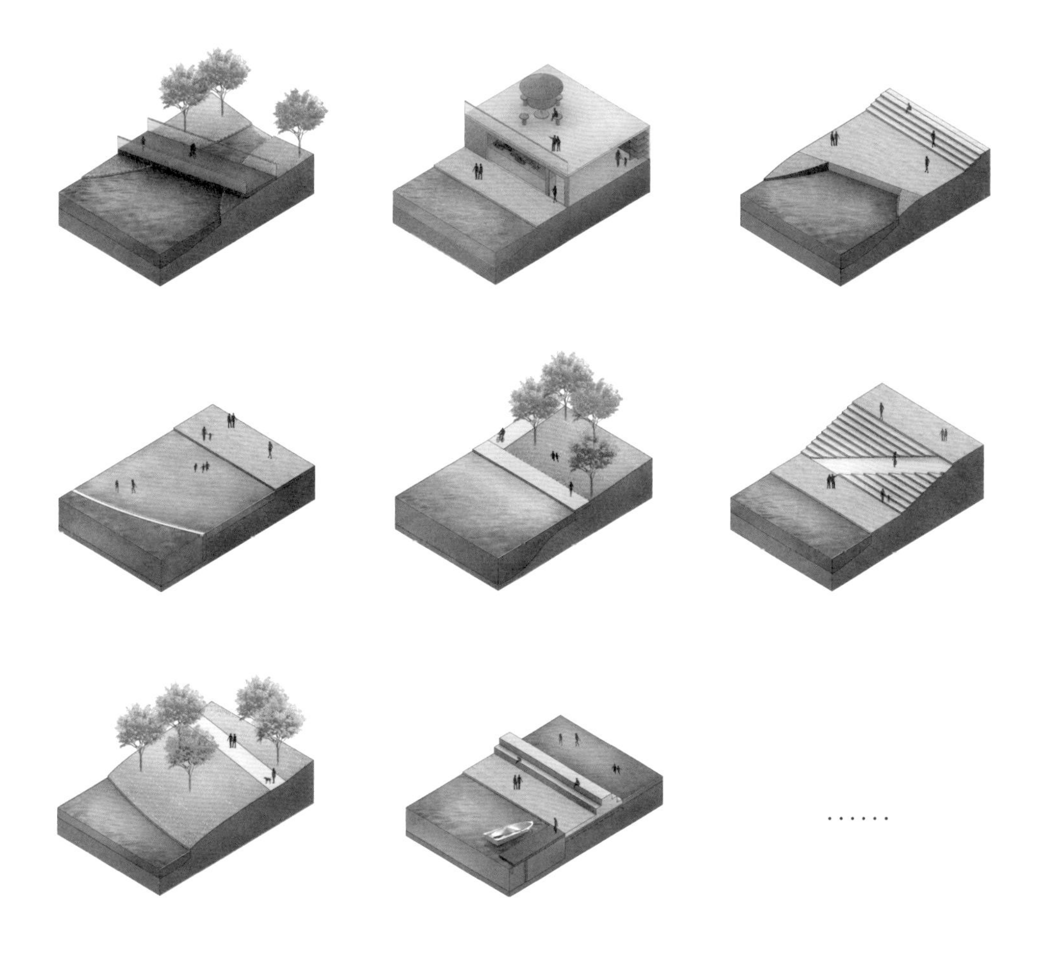

滨水景观的各种可能性

上图：打水漂的行为可以发生在任何“水景”中

下图：小朋友遇到水时会有各种有创意的玩法；
通过玩水对水产生了直观感受

奇趣蛋壳公园

缘起：武汉万科在开发项目用地邻近的几个地块时，决定将场地中原有公交车总站地块改造为商业综合体，并作为临时售楼处来介绍和展示该片区未来的面貌。代建这块大约 1.2 公顷的街头绿地成为销售展示的一部分，以吸引周边人群，提升片区活力。

限制：作为两条城市主要道路之间的三角形街头绿地，场地面积不大，由于两条主要边界是车行交通，可进入性并不是太强。上位规划将其定义为绿地，而不是供周边社区居民使用的城市公共空间，所以设计时最大的制约是绿地率。但作为该片区唯一的一块公共绿地空间，我们希望能布置比较丰富的活动场地，以承载人们的日常生活需求。

文脉：场地位于汉江江畔，与汉江相隔一条马路。虽然是服务社区的公园，我们仍然觉得它应该成为外向型的公园，成为该社区与汉江之间的一个联系点。由于沿江有数米高的防洪墙，在公园内部看不到汉江。我们尝试将公园整体抬高到可以观看江景的标高，使其能与相邻高架轻轨站相接，并在下部建设停车场和公交枢纽；但遗憾的是，按照规范要求，公园必须与街道同标高。另外，由于在防洪墙 50 米范围内不能有任何构筑物，设计观景塔和栈道让人能欣赏汉江景观的设想也无法实现。武汉依江而建，但由于两条江的尺度巨大，防洪要求沿江基本上是硬质陡坡。想让人们在这个汉江之滨的小公园里与水亲近，感受到河流原本应该有的自然状态，只能另辟蹊径。

空间：在公园西侧原公交总站地块内，建筑师将整个建筑综合体布置在一个高出街道 6 米的大平板上，下面架高空间为公交车站。公园和商业之间的 6 米高差如何处理，成为设计的核心问题之一。我们利用高差，将儿童活动区布置在这个高差地带，使这里成为既是商业或销售中心的公园之间的联系地带，也是公园的主要的活力区。这个小公园可谓是“麻雀虽小，五脏俱全”，在一个有限的空间里，布置了各种功能空间，试图满足全龄段的城市居民的各种需求，使其成为周边居民日常生活中有机的一部分。*（湖北武汉 / 2019 年建成 / 1.2 公顷）*

开园之初水景和雾喷都开启时的景象

起伏的水景在没水时变成绝佳的摆地摊的场所

永远拥挤的童玩场所和总是超负荷使用的玩乐设施

每个小孩身边都紧跟着“不放心”的大人

大人的比例比小孩高

上图：象征着河流冲积扇的地形

下图：冬季枯黄的草坪，似乎在鼓励着孩子们奔跑

象征着滩涂的水景里的地形

回访者：张文莉
回访时间：2022 年 2 月

正当在节假日的下午，整个公园几乎完全被孩童们占领，坡地儿童活动区自不必说，丰富多样的游乐设施让无数孩童“长”在了场地上，再加上周边等候的家长，可谓人群密集。浅滩戏水区的薄水面不复存在，转而成为有特色地形的小广场，广场上儿童玩具的地摊摊位错落有致，小贩们借用废弃的秋千架作为风筝、滑草垫等商品的陈列展示架。健身活动区的综合健身器械成了孩童们攀爬探险的实验架。商业区前的休憩长椅变成了孩童及家长随身物品的“暂存柜”。

园区道路边有小贩支起了各式小吃摊点。整个公园打破了设计之初的“分区”，自发演替成以儿童活动为主导的专类园。坡地儿童活动区是核心统领场地，波浪草地区和健身活动区是儿童活动的外溢和补充，而浅滩戏水区以及道路等则成为儿童活动的配套售卖服务区。

我们对周边等候的家长以及不远处的值班人员进行了访谈。从他们口中了解到，有趣好玩的儿童活动场地在武汉市内稀缺，且奇趣蛋壳公园的儿童活动区不仅装置全面、多样好玩，而且是免费的，因此从公园开放起，这里就成了远近宝妈宝爸们的遛娃胜地，甚至能吸引不少远处的市民驱车前来遛娃。再加上万维天地项目内的商业办公及住宅均未开业、开盘，同时周边居民也有本就熟悉的公园作为日常休闲场所，所以其他功能需求在此是较弱的，以至于儿童活动功能会没有阻力地自发扩张，覆盖整个公园。

工作人员表示，等项目内商业、办公及住宅逐渐投入使用后，奇趣蛋壳公园会进行翻修。届时，周边小环境会急剧变化，而其他群体的功能需求度会大幅增加；再加上张唐景观在不远处设计的更大型的儿童活动专园——未来中心也开始投入使用，奇趣蛋壳公园的儿童活动功能会得到一定程度的分流。这样，奇趣蛋壳公园使用方式又会发生变化，可能就会回到设计之初设想的综合类街角公园的设定上来。

良渚劝学公园

缘起：劝学公园位于杭州良渚文化村安吉路小学和劝学里社区之间的一块农业用地。公园立项之初的定位，是作为整个良渚文化村区域的西南门户；结合新建道路，连通杭州城市道路东西大道和文化村主要道路风情大道。当然，最重要的是配合西侧商业及住宅地块的开发，改善周边居住环境。

限制：公园南北向 260 米，东西向 90 米。场地北高南低，南北向高差接近 10 米，东侧是已经建成并投入运营的学校，西侧为新建商业与住宅组团，南侧是城市道路东西大道，北侧为原始山体。由于项目的用地性质是农业用地，设计需要保持绿色生态为主导风貌；两条高压线从场地中间纵向穿过，出于安全考虑，高压线塔在一定距离上需要有隔离，确保游客不能靠近；另外，高压线下的种植有明确的高度限制；场地南侧靠近东西大道有大体量的市政水泵站，不能搬迁。

空间：设计首先关注的是场地的"体积感"，原始场地和规划的区域高程相比，显得非常低洼，从周围道路看，基本上一览无余。作为一个新的公园，区域的门户，我们希望场地能有一定体量，土方地形的重新塑造使北侧原始山体在视觉上绵延到了公园里。公园的主要人流进入方向有三个，其中两个是对面的商业街入口，分别位于西南和西北两端，另外一个入口位于东侧学校的人流方向。公园在功能上可以满足学校"室外课堂"的需求，让学校师生可以方便地到达公园和公园内的生态农场。通过三个入口进入公园，会有三条感知公园的途径：西北侧入口进入后，伴随流线的是科学认知墙，近 100 米长，2.3 米高的锈板墙上阴刻着由宇宙宏观到生物细胞微观尺度变化，让原本简单的边界多了一个观看的层次。人们缓缓地绕过主体地形，抵达"星球温室"后，空间就豁然开朗起来。西南入口是公园的主入口，与商业的主入口对应，进入公园后，是自然认知区域。设计利用适当的立面和高差处理，让原有的水泵站悄悄地藏在冲孔钢板墙的后边，让人们更多地注意到台阶下的樱花林。穿林而过的观鸟台是无障碍的坡道，台阶和坡道抵达区域是整个项目最低点的湿地花园，所有场地的雨水通过场地西侧的雨水沟汇集于此，滞留并净化。坐在水边的长凳上看公园的地形，最能体现改变后的公园体量和北侧山体的延续感。学生们可以从东侧学校入口进来后左转，去小农场打理自己的田地，用互动灌溉装置给植物浇水，听老师讲解自然的奥秘；右转，林荫场地下的互动水景喷泉等待着人们的参与将水位提升，或者改变曲折的水溪里的水流方向。*(浙江杭州 | 2018 年建成 | 2.8 公顷)*

用剪草机做的日常维护

大观山
科学认知墙
宇宙漩涡
日晷拾光
银河剧场
星球温室
降雨
生态草沟
商业区

安吉路良渚实验学校
高山流水
喷泉戏水
喷水台地
灌溉装置
劝学农园
现状自来水厂
雨水花园
水鸟观察
生态湿地
土壤—植物净化系统

站在与远山相接的大地形高点

人们在高起来的地形上的各种活动

位于大地形下方的生态活动区是整个场地的汇水、水体净化部分，
同时也为人们提供了介入和互动的机会

自然农场里的灌溉设施需要小朋友启动

回访者：赵桦
回访时间：2020 年 6 月

原设计中的小农场部分计划后期移交相邻学校管理和使用，但后来并未移交，而是由公益组织“良渚文化村自然学堂”接管，定期组织活动和课程。主要由腾讯公益基金会、万科公益基金会、阿里巴巴公益基金会、桃花源生态保护基金会、良渚君澜度假酒店、大屋顶文化、阿拉善 SEE 基金会、全体良渚自然学堂筹建家庭等多方联合资助。

2018 年 5 月，随着周边楼盘陆续交房，业主发现原来承诺的地景公园中又多了两个正在施工的高压线塔基坑，与售楼时的宣传不符，便联名投诉。高压线工程于两个月后暂停施工，但公园被破坏部分至今仍未恢复原设计面貌。

其间，业主委员会代表和自然学堂负责人都先后找过设计方，希望从设计角度来帮忙减少新增高压线塔的影响。我们衡量高压线的规模和位置，觉得通过景观手法减少影响的可行性不高，毕竟其尺度巨大。如高压线塔位置确定，估计需要根据新的条件整体考虑，而不是小修小改。因工程量巨大，业主方和公益组织无法承担施工成本。

两年过后，高压线基坑位置（原公园中生态水池）被围板围住，高压线塔移动工程在搁置中（现已修复）。

回访者：潘昭延，牛宇轩
回访时间：2021 年 10 月 30 日

站在公园马路对面，就能看到劝学公园锈钢板入口后面突出的“山包”，那是公园里最热闹的地方。对这个螺旋形的大地形大家有着“千奇百怪”的使用方式：家长一声令下，两个小孩从山顶出发开始了“环山赛车”；有人舒舒服服地躺在斜草坡上或窝在草沟间；有的小孩则把草坡当成“滑草”的绝佳场所；还有人在草沟之间做起健身……

公园南侧的戏水台地和湿地花园略显萧瑟：戏水器械损坏，无人维修；喷泉平台不出水，只有零星的游客；高压线塔未移位，高压线塔旁边的观鸟台坡道被封闭起来，同时造成观鸟台的湿地花园无人打理，乱草丛生，湿地变成了“旱池”。由此可见一个公园的后期管理是多么重要，即使设计再合理的生态景观也离不开运营和维护。

东侧看似同样破败的农场，走进去竟发现有老师带着小朋友认知蔬果植物。在有人使用的状态下，农场在杂乱的外表下显得生机勃勃。良渚文化村自然学堂的课程包括园艺等自然探秘活动，以及厨余堆肥和生态种植课等。除此之外，对家长设立陪伴沙龙、家庭摄影课等，地点不仅限于劝学公园，而是整个良渚文化村周边。我们进入自然学堂基地采访老师，她说这里大部分老师都是良渚社区的居民，她之前也是景观设计师，现在学堂勉强运营，她是周末来兼职，也是兴趣使然。

自然课堂介入，自然农场的后续使用

对于一些改造性质的场地，如果原有设计的空间结构是需要被改造的关键，或者说是原有设计最大的弊端，那么原本的骨架是不是可以改动就成了改造成败的关键。重庆天地湖就是一个典型的案例。公园位于渝中区中心，周边有大型商业重庆新天地和居住区，当初公园开发时被定位为城市地标公园，对标的是上海新天地的太平桥公园。场地中心视线的一览无余造成湖体在尺度上显小，而人的活动被限制在湖边一圈，显得单调、缺乏多样性；水源需要抽调嘉陵江水，而重庆夏季高温造成的蒸发导致湖体养护成本极高。

当湖体问题已经成为既定的事实，改造的过程就变得异常的困难。从设计上，通过桥、岛等几重视线上的“设障”，让空间从“一览无余”变得有层次感，通过透视使湖体“显大”；从技术上，不同的湖底深度让二次加建的可操作空间有限。虽最终设计在技术上评估可行，但因周边社区居民对大水面的坚持等原因，导致一些在湖上加建的活动内容最后没有建成，改造后没有达到最初设想的效果。

山体公园
山汇水
戏水池
植物浮岛
风洞装置
雾喷装置
涟漪平台
彩虹乐园
波浪台地
喷泉水景
圆形浮桥
水上蹦床
健康岛

设计的度

一个场地的景观，设计到什么程度算是合适呢？奇趣蛋壳公园里绿色波浪草坪如果是平的，硬质场地就是一般的广场铺装，会不会让使用者体验到更多的使用方式呢？小孩子在隆起的坡地之间跳来跳去，大人们窝在草坡之间的凹地休息，在公园里应不应该鼓励这些行为？有水的时候是一块滩涂似的水景，没水的时候微地形被小商贩摆“立体”地摊，会因为“过度设计”影响人们的使用吗？公园应该设计？还是不做、少做设计，或者把空间留给使用者自发设计？

当一个场地没有特征，只是从属于成千上万居住区中的一块绿地时，我们往往会重建它的空间结构。重建的依据各不相同，比如管理方式（封闭式还是开放式）、主要出入口、与周围住宅的人流关系、与住区里其他功能配套之间的关系、与周边市政的关系等。因为不同的背景条件，重新搭建空间结构的力度就会不同。比如河北嘉都中央公园所在的大型居住区位于京郊，地属河北，中间作为公园的绿化带尺度庞大且一马平川。设计中，我们使用了微地形，就地平衡土方，用不同程度的起伏来围合尺度近人的空间大小，洼地的功能不仅有效组织排水，还可以提供浅洼湿地丰富的植被景观。事实上，这个公园的主要功能之一就是为两三万人的居住地营造一个生态绿化核心，让大型的密集居住地更有生机。

安吉鲸奇谷在多年之后形成了生态和谐

不同的人——管理者、使用者、运营者，因为各自的角色和出发点不同，对一个公园的设计力度要求是不一样的。在以往的公园设计过程中，我们常常会遇到不仅是开发商从营销的角度要求设计要有“亮点”、有“设计感”、能“吸引眼球”，而且在一些使用者的观念中，如果一个公园，与乡下老家旁边的竹林、山林没什么区别，那又有什么意思呢？来自不同方面的诉求说明使用者并不是公园唯一需要承载的主体，还有比如管理者、植物维护人员可能会决定公园大部分时候的样子。一方面，设计师需要警惕甚至抵制被各种利益群体“绑架”或导向的设计。何志森在文章“从人民公园到人民的公园”中提出，设计师应该意识到，公共空间中“民众自主的空间创作”，是以“个人的力量抵抗一直以来被各种政治与经济权力所主导的公共空间的生产和使用行为”；对于“长期缺乏对公众参与和日常生活的理解”的专业设计师来讲，由专业者主宰的城市“美化”运动成了近年来城市空间绅士化（gentrification）的帮凶。[16]另一方面，实践中的设计师需要避免因设计与被设计之间的关系产生的单线逻辑，忽略公园是重要的城市公共空间之一，它承载了平衡不同利益群体多方诉求的功能。

gentrification是很多发达国家非常关注的一个社会问题，中文一般会翻译成“中产化”“绅士化”。它在Merriam-Webster（《韦氏词典》）中的解释是：城市中原本贫困的区域在中产阶级或者有钱人更新或开发商业的过程中地价上涨，从而使得穷人搬离的过程。[17]（个人觉得，“绅士”“中产”在中文里已经形成了比较固定的含义，借用容易引起歧义，“士绅化”相对更合适。）自由经济市场下产生的士绅化，简单地讲是基于重新开发后的区域周边住房房产税提高，居民无法承担因价格提升带来的租金、物业管理等一系列费用的增长而产生的逃离。比较有名的案例有美国纽约布鲁克林区，为了区域更新，1999—2021年改造的布鲁克林大桥公园（Brooklyn Bridge Park）就曾经被诟病将该区域士绅化；波士顿一些社区公共绿地的景观更新和改造在公众参与的过程中无法推进，遭到周围住区居民的一致反对——他们为了避免改造后地价上升、房屋地产税增加而选择保持一个糟糕的，甚至不安全的居住环境。而一些精心设计改造后的公园绿地，被一些激进的历史学家、社会学家批评为“一个被强势的精英阶层将代表民主、与大众分享的空间转化为有钱人享用的场所”[18]。为了解决这个问题，公共、私人合作的3P模式（public and private parternship）被提出，开始在一些地方应用并初见成效。而新的模式不断被提出、深化、实践。日本都市公园建设管理使用的Park-PFI（private finance initiative），通过2017年修订的《都市公园法》，将“自上而下”与“自下而上”管理相结合，鼓励私人资本参与公园运营，借此解决政府财政负担、公园设施老化、公园服务质量亟待提升等问题。[19]

每个国家社会不公平现象的根源都是不同的，解决社会不公平的方法也需要因地制宜。中国的旧城（老、破、小）更新并不完全依赖市场，而是政府的统一调控（比如使用拆迁安置房调配），结果引出的往往不是中产集中的问题，而可能是计划经济调节下的资源再配置的合理性问题，比如城市规划规范中的商住比规定带来的资源配置。

城市公园是一个社会产物，必然涉及社会问题，但是无法解决社会问题。因为景观往往是社会问题的“果”，不是那个“因”。一个景观设计师需要有人文情怀，有公平意识，能发现和看到社会问题，这对设计的开放性有很大帮助；但是，对社会问题的研究可以指导设计吗？设计的方法与对社会问题的观察、研究有关联吗？如果一定要从方法论上讨论，那么抽象的社会问题如何在景观中具体化？具体化以后还能不能代表社会问题？不够具体化是否会引发歧义，该设计的初衷是否还具有意义？2012 年“风景园林新青年”景观公众号做过一次关于彼得 · 沃克（P. Walker）先生的访谈。他对此问题的观点是这样的：“我认为设计是文化背景的反映。设计并不创造文化，相反，文化决定了设计。我生活在这样的文化背景下，我思考我所生活其中的文化，我尝试为这种文化做设计……如果你尝试改变人们思考的方式，尝试改变历史的阶段，尝试改变道德和伦理，我觉得这就已经不是设计所关注的了。”

劳里 · 欧林（L. Olin）先生在最近的新书 *Be Seated*（《就座》）最后一章中，也讲到了景观的社会性。作为一名长期关注公共景观（public realm and civic space）设计及相关社会问题的实践者、教育家，他认为设计师及其设计不能“强制社会”（enforce sociability）。“设计不会让人做任何事”“Design doesn't make people do anything.”虽然它可以承载甚至鼓励一些社会活动。尽管我们的出发点不同，我们的工作却围绕着相似的关注点：创造（invention），多样（variety），新颖（novelty），连续（continuity），传统（tradition），先例（precedent）， 类型（typology）。[20] 一些城市历史学家、批评家对欧林先生的代表作之一纽约布莱恩特公园（Bryant Park）进行抨击，认为这个公园的改造变相导致了该区域的中产阶级化（gentrification）。实际上，他们一方面低估了（oversimplify）中产阶级化的社会复杂性，另一方面又高估了（overestimate）一个城市公园的社会功能和意义。

当“形态”在当前的景观教育和实践中越来越成为“消极”因素的背景下，一个公园的设计该关注些什么？如果不提它的社会性、公众参与、生态，那么景观设计师的技术核心是什么？当设计师拿到一个场地，该如何分析、理解它是一个过程？如何把这些见解在场地有效地表达出来？如何表达就是景观设计的核心，表达的手段让景观师区别于工程师、艺术家、建筑师等其他行业。如果场地有很深的文化含义，设计上想回应并告诉人们，那怎么回应、如何转达就是关键——这个转换(transform)的过程是我们的“核心技术”；如果一个场地充满了环境危机，可持续地解决环境危机可能需要生态技术，但是作为景观师，任务就应该不仅仅是解决一个技术问题，还会考虑这个环境危机与人类活动的关系，如何给人以警示，或者提供人与自然和谐共处的范例——如何搭建这个关系，如何做出警示，这是我们的“核心技术”。我们需要知道如何表达行之有效，或者说通过致力于长期实践，就是在不断探索行之有效的表达。

追溯早期景观学的两个渊源，植物学（horticulture）和建筑学：在园林院校里，景观有很深厚的园艺学背景，而建筑院校的景观系里往往看到来源于建筑学的衍生，比如有的学校里的景观基础课，是把建筑学空间放大到景观，用地形、植物、挡墙、构架塑造户外的空间边界；有的基础课把建筑学中的“建构”（tectonic）借鉴到景观中研究景观元素，比如泥土、水、植物之间的建构关系（tectonic）。20 世纪 60 年代，哈普林曾经提出的 RSVP 循环（RSVP Cycles）可以说是方法论范式（paradigm）的开端。建筑师及建筑教育家凯娜 • 莱斯基（K. Leski）通过长期的教学实践总结出：每种语言都需要自己的“句法”（syntax），而“建构”（tectonics）就是建筑语言的句法；建构是组织各种元素在一起的方法（Tectonics governs the way in which elements are put together.）。[21] 景观同样是在用自己的“句法”，把景观元素组织在一起，把天、地、树、草、水、墙、阳光、风等有形或无形的事物按照一定的逻辑组织起来。这种组织方法充满各种可能性、创造性，这也是景观设计师存在的意义。景观艺术的创造非常适合用朱光潜先生对“艺术美”的论述：“……‘美’就是事物现形象于直觉的一个特点。事物如果要能现形象于直觉，它的外形和实质必须融化成一气，它的姿态必可以和人的情趣交感共鸣。这种美都是创造出来的，不是天生自在俯拾即是的，它都是‘抒情的表现’。”[22]

自然探索乐园原生场地中倒伏成拱的毛竹

云湖自然探索乐园

缘起：福州近郊的登云水库旁原有的高尔夫球场建设由于环保政策被叫停。阳光城集团联合象屿集团计划将这个区域打造成一个新城片区。原有 18 洞的高尔夫球场大约一半将会被改造成综合性的城市公园，另一半为住宅和少量商业。这块介于住宅用地和水库之间的场地被规划为公园用地，并成为配合销售中心最先呈现的一个区域。

限制：这个项目最大的特色和限制在于场地本身复杂的地形和植被。在以往的经验里，设计基本分三种：要改变场地的，要适应场地的，还有无法改变也难以适应场地的。一般情况下，我们接触的项目是第一或者第三种——要么场地一片狼藉，要么不好不坏无所适从。云湖难得属于第二种。现场基底条件可圈可点：有足够的高差、地貌变化，丰富的原生植被，值得保留的树木、竹林、茅草。

自然探索乐园的原始地貌

施工通道、材料堆放，甚至施工队的工棚都要在场地或者周围解决

场地现状山头上的荒草

文脉：福州地貌属典型的河口盆地，四周被群山峻岭环抱。通过研究发现，约6000年前，福州附近海平面比现在高3~4米。福州盆地是内海，散落着高低大小不一的岛屿。随着海平面的降低，经历了漫长的河流侵蚀和冲积，形成了现在丰富的地貌和物种。场地所在依山傍水，植被丰富，可以说是一个微缩版的福州，通过这里可以管窥福州的自然历史风貌。作为整个片区开发的示范区，我们认为这里可以成为自然科普基地，让人在轻松愉悦的环境中认知该地域的自然地理地貌。

空间：基于场地现状地形和植被，以及公园未来可能的管理运营模式，公园只在西北侧靠近社区会所（临时作为销售中心）设置一个出入口。在公园内部选取几个有特色的地方植入活动场地，然后通过一个简单的“∞”形的流线，将所有的节点联系在一起，从入口的DNA综合活动设施、“青玉蕨”雾喷小广场，到“无穹顶”景观亭，高点至“马蹄莲”滑梯，再到山顶栈道及远眺平台，最后回到入口广场。

技术：虽然我们在设计时已经充分考虑如何对原有植被进行保护，但还是没有预料到大型机械进场操作时需要的空间，以及景观施工的粗糙程度。场地原有的乔木和大的灌木丛被很好地保护下来了，但许多地被和草甸区域还是被粗暴地破坏，成为施工堆料场。我们希望在原生植被中“植入”一条步道，实际上却是道路边上的地被和灌木均被破坏，不得不重新种植。

（福建福州/2020年建成/1.1公顷）

利用场地高差植入的"马蹄莲"滑梯，比起玩乐功能，更像一个大雕塑

楔形水池处在原生场地的汇水处，用直的但尽可能细的边界线表示人工与自然的边界

回访者：张东、唐子颖
回访时间：2021 年 12 月 25 日

平常日的中午，公园里没有人。请保安开了门，孩子们（11 岁、13 岁的两个男孩）立刻奔向了入口处的“基因链”组合装置。如果不招呼他们，看样子可以玩很久。他们向前面继续跑，青玉蕨的雾喷没有开，无视掠过；无穹顶里的不锈钢反光镜可以被东摸摸、西摸摸。“只有这些吗？这个公园太小了！”小朋友说。然后又跑回“基因链”组合装置去玩了。

夏季最受欢迎的戏水区，周围植被均为场地原生植被

云湖自然探索乐园免费对市民开放，开园之初便吸引大批市民远程到来。乐园本意主要服务对象是将来居住区的居民，而现在更多承担一个公共公园的角色，关于其承受能力有待观察。阳光城开发商对公园运营投入力度较大，举办了"最美登云摄影""湖畔露营""音乐会""音乐节""植物认知课堂"等活动。

技术 / 支撑

在公园实施过程中，需要有很多不同层面的技术支撑，这与区域和地方的经济发展状态息息相关。一道简单的石头墙，在中国的大江南北可以因为当地施工者的技术来源、年龄组成、砌筑水平不一而呈现各种各样的形式。而这些，设计师基本难以控制。有些地方可以按照国际建造水平要求施工质量，有些地方却因为施工队读不懂图纸而需要设计师现场指导。要想实施出来理想的设计，我们需要花费很多的心思和成本，做很多超出设计师职责范围的事。

中国景观设计面对的核心技术问题与其他国家的不同。比如在城市化过程中，景观设计充当了弥补城乡经济文化差异的工具，结果导致乡村景观城市化现象；比如城乡景观趋同问题背后的现有城市规划体系、空间指标、管理手段问题；比如苗圃移栽、修剪技术水平以及品种多样化、市场化问题。这些在实践过程中常见且具有挑战性的课题在本土的学术研究很有限，学术研究的问题往往需要与国际热门话题接轨，比如公众参与（public participation）、士绅化（gentrification）、自下而上（bottom up），以及自发性植物群落（spontaneous planting community）等。讲中国的问题与众不同，很难引起国际上的共鸣，事实上除了个别的“中国通”或者专业人士，极少有人有兴趣了解这些与个体经验无关的特殊话题。那么，从实践上讲，如果一个设计，不能针对该社会的核心问题做出回应，其社会意义和应用价值就没那么大；反过来，如果一个（社会）问题是该学科最终不能回应的，该问题就不可能成为该学科的技术核心。比如国际景观设计行业有一个关键词“低维护”。在国外的公园，公园的人均使用“流量”比较低，人使用公园的方式不同（比如大部分人不会选择在公园集体健身，大部分人喜欢在草坪上晒太阳），人为耗损程度不同，维护方法就不同。对于因为人工成本太高而尽量减少人力维护的方法，使用草坪成为最佳选择——一个工人和一台除草机就可以把一个公园维护得七七八八；而按照我国公园的使用密度和频率，如果还提倡同样方法的低维护，那就只能呈现比现在“市政公园”还糟糕的现象：铺满地被，不让人走进去。如果使用大面积草坪，即使用最耐践踏的狗牙根，以现有城市绿地的使用强度和密度，大部分时候的草坪也是寸草不生。因此，做什么是低维护，不能一概而论。

那么铺上地被不让人进入的做法是好的设计吗？虽然它是低维护，但这只是一种在维护成本有限的情况下最省事的办法，谈不上是以人为本的设计。所以，当我们说低成本维护的时候，是针对具体的社会、具体人群使用情况而言的。任何行业关键词，即使在道德上再正确，也不能成为判断事情好坏的绝对标准。

再比如现在国际上流行的“荒野”（wildness）景观，野花、野草成了植物审美的新趋向。多年生草本植物意味着花草自己长落、不必每年栽种，所以在理论上、实践中大家都期待着“低

成本、低维护”；因为外形不规则，更给人“自然”的印象。国外著名案例从纽约高线公园、芝加哥千禧公园中的卢瑞花园（Lurie Garden）到最近的伦敦奥林匹克公园，植物设计的意向从现代主义修剪得整整齐齐的绿篱和草坪，转变到了更趋向自然原始状态的“荒野”。目前国内的苗木市场支持这样的设计吗？大量使用多年生草本更生态、成本更低、维护更少的理论在实际操作中情况如何？因品种多样化而显得生态不一定是真正的生态；苗圃里被驯化过的草花成本一定不会低；修剪易倒伏的禾本、需要起球的球根——很多多年生草本植物都要逐一照顾。草花的维护人员需要更加专业的知识是显而易见的，目前市政公园里常见的绿化的品种选择，已经考虑到维护方法在成本上要控制到最低。

- 访谈：多年生草本植物在国内的发展现状

*受访者：申瑞雪**
采访时间：2022 年 9 月 13 日
文字记录 Sh：申瑞雪，T：唐子颖

为了深入了解这个植物专项问题，我们拜访了很多苗圃供应机构，参与苗圃各项科普、实践活动，深度了解到国内行业的现状。在各种学习过程中，我们最感兴趣的是多年生草本植物，以及对华东地区本土多年生植物的发掘和引种。原因很简单，在设计中无论多么想推广多年生草本花卉，如果没有技术上的支撑、成熟的市场供给、专业技术人员的维护，仍然只是纸上谈兵。对此，我们专访了上海上房园艺植物研究所（简称上房研究所）——一家既有专业研究团队，又有与市场接轨的苗圃经营，科研实践一体化的单位（综合园艺企业）。

T：在公园的设计里，我们有时想用一些宿根植物（多年生草本植物）、乡土苗木，但在落地过程中，施工队经常说找不到这些品种。你认为这是哪个环节出了问题呢？

Sh：宿根植物其实是多年生草本花卉里的一个板块。中国人（在讲到）传统花卉或者种植园艺时，一直认为花卉应该是盆栽的。木本花卉包括我们的一些传统名花是老百姓的认知，历代留下来的园艺文化中没有多年生草本花卉这个概念。

宿根花卉是一种植物生态习性的分类概念，（在使用中）逐渐转变成植物应用角色了；但这种角色在国内的认知还不是非常广泛。多年生草本花卉从国外到国内，从开始应用至今大概有 30 年的时间。

这类植物是搭载着“花境”这种景观形式打开国内的应用之门的。花境是这几年在大力推进的一种花卉景观，但是这里面又有个很大的问题。多年生的草本花卉跟以往常用的乔灌木、一二年生的籽播花卉，无论是种植、植物特性和后期养护上面都有很大的区别。真正国内花境景观做得比较好的、留存的一些项目或经典案例不是很多。那就带来一个问题，多年生草本的可持续、低维护这个目标并没有实现。

这些多年生的植物，用了之后并没有呈现出多年的效果，两三年之后就死掉了，原因在哪里呢？多年生的草本花卉范畴、种类太多了，不同的种类、种植的方式、对土壤的要求，以及后期的管理和维护，这里面的技术点很多。不能因为它是多年生植物就一概而论。所谓的“低维护”“低养护”并不代表是没有养护或者错误地养护。

还有一个原因。多年生草本在长江以南地区跟长江以北，或者说温带、寒带地区，在种植与养护上的差别还是很大的。长江以南地区种植这样一些多年生的草本花卉，我们会觉得它并没有达到其原产地或者是在北方地区那么好的效果。本身（目前市场上流通）大量的宿根植物还是从纬度较高的地区来的。而东南地区，或者是在沿海往南的地区，又刚好是我国经济发达的区域，

---

* 申瑞雪，上房园林植物研究所所长，高级工程师，自然教育讲师。

已经有大量的推广和应用，也不能够呈现出较好的效果，或者是较好的花期（另外，符合本土气候或当地原生的种类并没有广泛开发）。因此，多年生宿根花卉的产业发展在国内依然未达到理想状态。

T：从植物品种上讲，这些多年生草本植物在中国也都有，对吗？只是没有被这么应用过？

Sh：这类植物在国内是有大量的分布。中国的植物资源在全世界都是首屈一指的，占到全球植物资源的十分之一，植物种类很丰富。世界上十分之一的植物就生长在中国的土地上，有几个关键的点：第一，中国的西南地区，在整个气候变化的历史上没有经历过冰川时代。所以它有大量的植物被完整地保留下来。第二，中国的气候带跨越很广，地质条件的形式也非常丰富。所以无论是什么样的植物，可以讲各种气候带条件下的植物类型，应该在中国都可以找到。

为什么一定要强调多年生草本花卉？因为木本植物一定是多年的。但是草本植物要多年，是由各种各样的形态导致的，比如说，它是宿根的形式，就是说即使它是枯萎的、休眠的，但是根系还是活的。还有其他的形式，比如说它本身就是多年生的草本植物，不会宿根；或者说它也是宿根的，可是你看不出来。比如阔叶补血草，它在原产地就是一种宿根。这类植物被引种到亚热带、热带，冬季没有那么冷，不需要休眠也可以正常过冬。那么，这个时候它就会呈现出多年生状态。还有一类是肯定会休眠的，是我们说的球根植物，像大蒜、生姜、郁金香、百合、石蒜，它们把自己的根系变态，变成庞大的根、膨大的茎，或者叫膨大的肉质根。所以我们大致可以把多年生的宿根分为三大类：宿根植物、可以正常过冬的多年生草本、球根块根类。自然界多年生植物一定是多于一二年生的植物。

现在讲乡土植物的应用。其实核心的问题是，这个产业开始的时间很晚，发展的时间很短，所以不足以有大量的积累。起步大概也就是改革开放之后，20世纪80年代到90年代的后期。园林园艺的发展开始于中国城市化进行的起步阶段，那时有大面积的基础建设，高速路、铁路路网、房地产、城市扩建等。

在这样的一种情况下，我们不足以有那么多的时间去积累，比如说要引种、驯化、试种、选育品种，这些环节是绝对不能少的，因为植物是生命科学的范畴，关于原生植物科学合理、全面地开发，大概也是近几年才刚刚开始。因为前30年发展那么快，有大量的城市需要建设，配套绿地要配上去，怎么办呢？只好引进。所以到目前为止，今天用的这些大量的种类，还是以20世纪八九十年代的国外引种为主。那个时候引种是很容易的，因为当时全世界都还没意识到互相引种之间的风险，比如病虫害、外来入侵。

当时分两步走，国内开发加国外引种，但是国内的不好直接用，因为没有经过试种，也没有规模化的生产技术、繁育技术的配套。那个时候就是赶快从国外引种现成的品种，包括一部分观赏草、水生植物、宿根植物，可以说90%以上是从国外引种的。

另外，园林园艺行业的人才培养需要很长的周期。基本上到今天为止，20世纪90年代后期或者21世纪初，本科毕业的学生才是目前这个行业里面的中流砥柱。这些人才所能够熟练掌握和应用的种类，恰恰就是20世纪八九十年代国外引种的那些类型。核心的问题也就是这类植物已经大量地充斥在从设计到应用的各个环节。苗圃自然也在大量生产这些种类。

乡土植物种类、资源一定是很丰富的，而且不同的地域绝对是不同的。中国内陆地区各个省份都有一些地带性的、特别优秀的，我们叫“地带骨干树种”。比如江西，整个省的植被结构有四个非常关键的科：山茶科、壳斗科、冬青科和樟科，而这四个科里面最主要的植物类型就是大乔木，但江西的城市建设里面并没有充分应用到。乔木的（开发培育）周期要比草本更长，至少以十年为单位。

就拿上海来讲，我们可能没必要跨度那么大，去到很远的地方引种，锁定两百公里的一个辐射圈就够了，最近的是佘山这一带的原生植物，或者是金山的大小金山岛。当然，长兴岛、崇明岛，（地质）形成时间比较晚，植被结构还是非常单一。

再稍微远一点，（到）浙江的天目山脉就足够了。我们这么多年做下来，即使是草本植物，从山里面的调查引种，到苗圃里试种，然后去人工繁育，假如说非常顺利，每一个环节没有任何卡壳，至少也需要五年才可以上量在苗圃。在这个五年的基础上，要让设计师认知、施工人员认知，知道这个苗应该要怎么样用，至少又得五年。因此，从育种到行业里面都认知，10~15年的时间是需要的。植物就长在那里，以它的速度，它的节律，完全急不得，没办法拔苗助长。

T: 推广有难度，科研跟市场挂钩有难度，在实践当中的主要困难是什么呢？我记得你们苗圃原来有600多种(苗木)，后来被市场淘汰剩下200多种，为什么呢？

Sh：我们这个行业整体门槛低，但专业发展的水平要求还是很高的。水平较低就不会有差异化竞争。以前大家就是奔着要把一个品种“做滥”的目标去做这个市场，创新者很少，跟随者众多。现在整个苗木市场的积压量是很大的，估计市场上⅙的苗木是我们现在能够用到的；⅚的苗木最终渠道不明朗，或者只能是拔掉、扔掉。在这么大的一个苗园储备的情况下，你们是不是觉得找苗还是很困难？为什么？就是产品太过重复了。产品太过重复之后，大家就开始打价格战。

价格战之后，就拼区域，看你这个区域是不是劳动力成本极其低、土地成本极其低，才能把这个生意做下去。你刚问为什么600多种（苗木）变到200多种，（是因为）这400多种（苗木）本来一家苗圃做就够了，现在却有100家苗圃在做同样的400多种。

T: 你的意思是说，这400多种苗木是被低价竞争淘汰了？

Sh：有很大的原因是这样的。

T: 我理解的是，市场广泛接受新品种以后，有了大量的生产，价格就会低下来，并不是这个品种本身不好。但是如果被低价竞争没了，是不是也怪可惜的？

Sh：当然很可惜了，植物哪里有好坏？只有用对或用错。植物是个生命，不能去用这个苗好还是不好或这个品种好还是不好，这样的方式去评价。

人为的商业操作之后，很多品种便宜到都没人敢种了。20世纪八九十年代建设城市公园的时候，当时在大树下面没有什么东西可以种，要不就种麦冬，要不就种吉祥草、蝴蝶花。其实这是很经典的品种，都原产于中国，是江南地区的乡土物种。但是因为这样的恶性竞争，导致现在没人敢种了。大概前几年，我说我们要开始种，然后到处收人家不要的苗子，蝴蝶花又发展起来了，还有吉祥草。做苗圃并不是说一定要做得大而全，什么都要做，而是一定要找到自己的专业定位，然后一定要把适合自己的这个领域做精。

T: 我感觉你可能更主张分工协作，就是做专、做精。苗圃品种不是简单地单一化。

Sh：不是品种单一化。我前几年提出来一个思路是以一类植物解决一种问题，就是你这个苗圃的苗到底能够做一件什么样的事。比如说你能解决林下绿化，那你把林下绿化搞得非常丰富，耐阴植物全部搞起来；比如说你可以搞立体绿化，那就把各种各样的适合于上墙的植物做起来。要有各种各样的垂直领域，然后再有垂直下面的产业分工。

单科、单属或者是单种的苗圃，也是非常需要的，它面对的是用某一类植物去应对所有问题时，这类植物应该怎么样去做，应该有哪些品种能够匹配。比如营造不同场景的月季、蔷薇、月季、绣球等。

这两年我们专门搞了一类，是应对自然教育、科普互动的这种场地。大概有100多个种类，我们做了一些分类。假设公园里面要进行微改造，需要场地的互动，哪些植物互动性很强、趣味性很强、科普教育意义很大，就给它匹配上去。

T：上房研究所也推广家庭园艺，向大众普及做了很多教育、课程。家庭园艺跟公共绿化是不是不一样？

Sh：就本质上来说，园艺不存在家庭或者是非家庭。那你觉得家庭园艺和公共园艺有不同吗？当然家庭园艺与个人喜好有很大关系，公共绿化更应该面向公众和自然生态。

T：大尺度的公共景观和花园这种更趋向园艺的尺度，在设计上是不同的人来做吧。我感觉国内现在可能向欧洲国家、日本学习得多一点，偏向园艺一点，比如花境。在使用的品种方面，景观和园艺是否也应该有所不同？

Sh：中国一方面这个产业阶段比较特殊，另外一方面，中国的地域很广。然后，不同的区域人民的生活水平、住房条件都有很大的差别。

国际苗木市场对家庭园艺和公共绿化没有明显的区分；但是，产品类型有很细分的领域。不同的产品类型分得非常细。有专门以育种为主的苗圃，比如说最典型的法国里昂月季、英国奥斯汀月季，既有一定的育种实力，又有明显的品牌形象，然后由多代人经营，我们一般把它叫作“专业的育种型苗圃”。

很显然，它有很强的科研力量在里面，就针对一种植物。月季比较出名，还有一些很不出名，比如说这个苗圃里面专门培育雪片莲，500多种；那个苗圃是三代人去搞石竹，几千种。这些都是培育新品种的有终极科学力量的苗圃。

另外还有哪些类型呢？就是说以应用领域为主的。我简单以意大利的一个地区为例，那个地区做乔木的容器苗，都是出口的，以集装箱的形式，国际航运发到全球。它做所有的木本植物的造型、修剪，把植物修剪成阶塔、圆球，各种各样的造型。在这个行业领域里，意大利是顶级水平。适合造型、修建的植物品种也不是很多，就是各种水蜡，叶子很密集的一类植物；但是那个苗几乎每隔三五天就要去剪一下，要不然它的形就不存在了。

还有一种是大而全的苗圃。在北美的一家，制定加仑这个单位，容器标准。它的本质来讲只是做了一个产品的标准制定，背后有大量的（苗木）供应商，它就是做大平台。这种苗圃的品种单一化也不用担心市场。

我们国家的苗圃特别需要细分。比如那些“网红”啊，你能做的我也做，后面大家全部恶性竞争。要避免恶性竞争是我们现在亟须解决的一个大问题。而差异化竞争，应该考虑的是苗圃的苗到底可以解决什么问题？无论是从品种、种类，还是从应用的角度，苗圃都需要细分。

T：市场上，能够像上房研究所这样将科研、推广、苗圃几部分工作一起做的机构似乎不多。你觉得这样的方式适不适合推广？

Sh：其实这个完全可以分开，不一定要合在一起。科研走在最前面，苗圃是第二层，推广是第三层，谁都离不开谁。大家都是兢兢业业去钻研自己的领域就可以了。但是为什么上房研究所一定要把科研、推广、苗圃放在一起做呢？其一是企业的基因，公司创办以来就把科研作为核心竞争力；其二，科研成果保护环境较差，知识产权很难受到保护；其三，低端苗圃不愿意承受正常的市场周期。一方面其他苗圃的水平情况可能连你现在掌握的这个水平也不如。另一方面，我的科研成果给到下游企业，知识产权很难受到保护。生产讲究两个关键，标准化和效率化，这是苗圃应该要关注的点。科研关注的点就是不断地创新，市场要关注的点就是既要推广，又要向科研端反馈市场的需求。

通过以上访谈，我们了解到现在国际上流行的一种植物设计形式——草甸（meadow）。具体地说，它是以多年生草本植物为主要元素的下木设计方式。在国内遇到的具体问题是，首先行业起步晚，缺乏苗木的质和量、各方人才的积累；其次图片上漂亮的草甸生长的地域条件与当前我们要使用的区域条件可能完全不同。比如，江南潮湿闷热的气候对大部分高原冷寒地区的草花不支撑，江南地区的“荒野”景观可能呈现的面貌与北美、欧洲完全不同。设计师需要花时间和精力发掘、创造符合当地条件的植物景观。植物上的“拿来主义”可能带来的风险有：高成本、高维护，入侵品种蔓延，本土植物种类、多样性流失，等等。

城市公园的在地性除了空间、地域，还有地方气候对材料的支撑。现代技术的发展为全球化景观作出了贡献，但同时也抹去了地方性：如果钢筋混凝土具备所有材料的优点，可以耐久抗腐蚀、防晒不开裂，既能承重又轻薄，成本低廉，方便制造，有什么理由不取代地方性材料普遍使用呢？要突破全球化带来的地域景观“千人一面”，就需要创造性地使用景观材料，但户外条件，如风、雨、日照、湿度等气候条件，又极大地限制了景观材料的选择：有的材料被创意应用，但可能局限在室内；干燥、极寒的北欧地区有的景观材料看起来非常“酷”，但是如果场地处在亚热带潮湿、植物茂盛、缺乏视域的山沟，完全不同的地域条件和环境背景对材料的烘托效果就非常不同。

景观材料的突破性使用还依赖于当地（国家、地区）的技术。比如张唐景观目前在构筑物的结构上比较局限于钢材，因为无论在质量、工艺还是价格上，中国的钢材较木材、竹木、塑料在户外的表现都相对更有保证。我们屡次试图使用更加温暖的木材或者竹木替代钢材，都因为工艺、成本的原因不得不放弃。在保证设计的最终效果、可行性、耐久性的前提下，创意和突破往往受到限制。

材料的创造性使用还需要考虑景观空间尺度，从宏观讲是景观的“粗放度”（boldness），从微观讲是“粗糙度”（roughness）。这是突破和挑战景观材料的难点，不仅是地域、户外的合适与否，还有对它的尺度感、粗糙程度的考量。过于细腻的材料，比如玻璃，在使用时就需要考虑其肌理、质感、整齐度与场景的契合。一些建筑师对材料的理解引人深思，比如凯娜·莱斯基在一门建筑入门基础课中只给学生一种材料，她称之为“一种固执的、天性倔强的材料”（a stubborn or temperamental material），因为她知道这种材料“不会听令于任何‘指示’”（would not respond to anything imposed on it），相反，学生需要“聆听并回应这种材料”（listen and respond to the material）。[21]中国著名建筑师、建筑教育家冯纪忠先生认为，“‘建构’就是组织材料成物并表达感情、透露感情”。它要求我们“用手去触摸它，使这种感性成为理性的基础”，这个过程中“体验正是关键”。[23]在实践中，我们同样会“聆听并回应材料”，站在材料的角度，设想它所需要的环境，它与土壤的颜色、质感、地质条件、空气湿度、透明度、阳光的强度等环境条件的契合，触摸并感受它，观察它与其他材料的搭配关系。对材料的创新性使用还往往导向对构造以及传统工艺的挑战。事实上这已经不仅仅是设计层面上的事情，还会涉及当下社会发展的外部环境，比如该区域机械加工水平、工业化程度、专业技术工人水准等。

深度挖掘、探讨一些实践中的问题，会发现在技术的背后还有文化、观念的支撑。以杭州萧山莜湖公园遇到的情况为例。项目所在地是杭州都市圈最远的萧山地区的乡下。场地的核心景观是富有浙江山水特色的丘陵、汇水形成的小湖。当地特有的石材以及在周围自然村中已经成熟的砌墙方法让设计师更想在新项目中沿用和传承；但是，这样的想法最终被否定了——用本地的材料是落后的象征，原始的砌墙技术需要被新工艺代替，越是不发达地区的建设越要体现进步、文明。花费这样的财力、物力是为了“向现代化、国际化迈进”。

有人会批评这样的观念是落后的、亟待改变的。从另外的角度，这恰恰证明了人类观念的发展是一步步递进而无法省略和跳跃的。我们很难不通过亲历就直接把有些所谓“超前”的认识直接植入一个社会中。博物学家爱德华·威尔逊（Edward O. Wilson）在《生命的未来》（*The Future of Life*）里说，人类的生物特征决定了其短视——这不是刻意贬低，而是陈述事实，人类生命的短暂和个体生命智慧的不可继承和无法叠加，最终导致每一次生命体验在认知上的“从头再来”，注定其观念的生成、转变需要过程。环境保护主义先驱奥尔多·利奥波德（Aldo Leopold）提出的“像山一样思考”（thinking like a mountain）[24]，从另一角度向我们暗示，以人类百年生命极限的时间为刻度，无法见证以其他生命、非生命体为整体的地球环境发展历史长河（比如地质年代）。同样地，共情（empathy）心理，现代心理学提倡的同理心，也并非是人类天生具备的，而需要在后天的教育中养成。这种为没有真正发生在自己身上而可以通过想象去感受的能力[25]，在现实中的自然存在常常受到质疑。综上，正是因为目光短浅、缺乏共情能力，人类只能在自己狭隘的认知过程中一错再错之后才能“幡然悔悟”。换句话说，有些事情必须经历过才知道对错。

讨论人类生命智慧、共情能力的有限这两个宏观、抽象的概念，似乎帮“世俗”的设计找到了齐备的托词。景观设计不是纯粹的艺术。作为实践者，我们一直试图最大限度地突破现实中短见与偏见的桎梏；但是，作为人类中的一员，除了自身的缺陷，我们深知满足现实中短暂需求的必要性，无法单纯地为不可知、不可见的未来做设计。我们可以与社会脱节、超越两三步，但无法更多。比如萧山的莜湖公园设计，完全脱离了当地的文化背景，单纯地回应水体、植被等生态设计的条件，强调人工的与自然的对比。不去刻意回应场地的文化线索，有时也会成为我们的设计选择。

[1] 马向明．专家观点：绿道的规划建设．人居视点 ,2017,2.(2018-10-04) [2022-09-01]. https://www.sohu.com/a/257661139_726503.

[2] 习近平春节前夕赴四川看望慰问各族干部群众．成都日报．(2018-02-14) [2019-05-20].
http://www.chengdu.gov.cn/chengdu/home/2018-02/14/content_8e993049e4e4494d93d1c0d89216a358.shtml.

[3] 天府公园城市研究院挂牌成立仪式昨日举行．成都日报．(2018-05-12) [2019-05-20].
http://www.chengdu.gov.cn/chengdu/home/2018-05/12/content_7d99d349db2844b7a8319167a73dda9b.shtml.

[4] 中共成都市委十三届三次全会举行．成都日报．(2018-07-08) [2019-05-20].
http://www.chengdu.gov.cn/chengdu/ywjj/201807/5dba883ea35f4c49b7a1ff798c4d1a6a.shtml.

[5] 亚热带农业生态研究所．科技承载梦想，创新改变未来——海绵城市．中国科学院 .(2017-03-02) [2019-05-11].
https://baike.baidu.com/reference/16012711/8f39jdMI-zhx0yxaRC8-_xR3k08m-74ZDJBk5o5kQG
2ktIvssvIX4McYExBjCodKj1eifRzyoo2-WT1zAx4_-gDgwhM548C6wL2Enx6c1tWZhRFPYQ.

[6] 中华人民共和国国家质量监督检验检疫总局，中国国家标准化管理委员会．美丽乡村建设指南 :GB/T 32000-2015. [2015-04-29].
https://openstd.samr.gov.cn/bzgk/gb/newGbInfo?hcno=C9EB368DECB1E90242DDB7A431F6FFA6.

[7] 中华人民共和国住房和城乡建设部．住房城乡建设部关于加强生态修复城市修补工作的指导意见 .(2017-03-12) [2019-09-01].
http://www.gov.cn/xinwen/2017-03/12/content_5176047.htm.

[8] 中共中央，国务院．关于进一步加强城市规划建设管理工作的若干意见 .(2016-02-06) [2019-09-01].
https://www.rmzxb.com.cn/c/2016-02-21/704008.shtml.

[9] 住房城乡建设部，国家发展改革委财政部．关于开展特色小镇培育工作的通知．(2016-07-01) [2019-09-01].
https://www.mohurd.gov.cn/gongkai/fdzdgknr/tzgg/201607/20160720_228237.html.

[10] "成都源野：'公园 +'模式下的空间开发利用"，杨松飞，城市八部 ,2022-04-28.

[11] 李迪华．国土空间规划体系中景观设计学科与行业的困惑及机遇．景观设计学 ,2020,8(01):84-91.

[12] 北京市园林局．公园设计规范 :CJJ48-92. 北京：中国建筑工业出版社 ,1993.

[13] 中华人民共和国住房和城乡建设部．公园设计规范 :GB51192-2016. 北京：中国建筑工业出版社 ,2016.

[14] 威尔逊．生命的未来．杨玉龄，译．北京：中信出版集团股份有限公司 ,2016.

[15] "规划快题实战——地铁车辆段上盖城市设计" .[2020-04-26]. https://zhuanlan.zhihu.com/p/135895896/.

[16] 何志森．从人民公园到人民的公园．建筑学报 ,2020(11):31-38.

[17] 原文为"a process in which a poor area (as of a city) experiences an influx of middle-class or wealthy people who renovate and rebuild homes and businesses and which often results in an increase in property values and the displacement of earlier, usually poorer residents."。

[18] OLIN L. Be seated. Applied Research + Design Publishing, 2017.

[19] 宗敏，彭利达，孙旻恺，等 .Park-PFI 制度在日本都市公园建设管理中的应用——以南池袋公园为例．中国园林，2020,36(8): 90-94,

[20] OLIN L. Be seated. Applied Research + Design Publishing, 2017. 原文为"invention，variety，novelty，continuity，tradition，precedent，and typology"。

[21] LESKI K. The storm of creativity. MA: The MIT Press, 2015.

[22] 朱光潜．谈美．古吴轩出版社 ,2021.

[23] 冯纪忠．旷奥园林意．长沙：湖南美术出版社 ,2022:114.

[24] LEOPOLD A. A sand county almanac. New York: Oxford University Press, 1970.

[25] Merriam-Webster(《韦氏词典》)Sympathy vsEmpathy.原文为"having the capacitytoimagine,feelingsthatonedoesnotactually have".

广州大鱼公园的边界墙是一个篮球场地

"用"公园

一个承载了多方诉求的场所

张唐景观事务所通过回访设计完成后公园的使用情况，反哺了设计师在设计过程中的思考——哪些内容需要更多的关注，哪些内容需要避免设计师的"一厢情愿"。无动力设计是公园运营维护的重点，最具代表性。本章帮助我们全面了解一个公园的成因和发展。

使用中的公园

本书的公园案例是张唐景观过去参与设计、营造的日常公园，无论地处湖边（苏州雁归来、杭州莜湖）、河边（良渚滨河）、水库边（福州云湖）、地铁上盖（杭州杨柳郡），还是旅游度假区（秦皇岛阿那亚儿童农庄、河源龙骨乐园），服务的都是上千人的居住区。有些公园原来的属性比较明确，就是由市政绿化开发商代建，最后归还管理部门（合肥智慧中央公园）；有些处于大片的社区开发用地中间，是平衡社区总绿化率指标的场地，最后仍由开发商自己的物业运营管理（麓湖云朵乐园）。即使像武汉奇趣蛋壳公园最初为商业配套建成，最终服务的仍是后续建设的居住区以及周边社区。这里记录的十几个公园里，有的在建设完成后直接交还管理部门，有的由开发商代为管理几年后交还，也有的一直由开发商自己运营。运营管理方式的不同，使得这些公园在后来的使用中呈现出不同的面貌。通过跟踪了解它们的变化，看到最初的设计在使用过程中如何被回应，了解不同使用方法的原因，不仅可以使未来的设计在材料工艺上得到改进，可持续使用的方方面面得到提升，还可以引发我们对设计方法和理念的反思。在过去的四年里，办公室的设计师利用各自的休假闲暇时间，或正式或随机地对大部分的公园从不同的角度进行了回访。虽然不是专业系统的完整调研，但也可管中窥豹，让我们从其他的视角理解这个看似普通、日常却又充满复杂性的公园概念。

大鱼公园篮球场的一角。附近居民把废旧的家具放在公园里

大鱼公园

缘起：广州万科在开发邻近的一个住宅地块时，决定代建这块大约 2 公顷的城市公园作为销售展示的一部分，用以吸引周边人群，提升片区活力。公园计划在建成后由万科管理两年，待销售完成后移交给地方政府管理。

限制：这个项目最大的限制在于周边环境的不确定性。东侧是未来建设社区，相对明确；北侧是一条污染严重的河道，暂时没有治理计划，一河之隔是原有村落，随着城市化的推进，发展为融居住、商业和作坊式工厂于一体的城中村；南侧是未来的城市展览馆，暂无建设计划；西侧是一条城市远期规划道路，预计在 20 年之后才会建设，道路范围可以暂作为公园。设计的难点在于既需要基于目前的状况考虑公园的空间和功能流线，又要使其能适应未来的变化。

文脉：初到场地考察，看到的是一片平整的荒草。就像国内许多项目现场一样，“三通一平”的交地标准使得原有场地的历史特征被一笔抹去。通过研究发现，场地在前些年曾是一处鱼苗场，我们在网络上研究了它的具体运营过程：鱼卵在这孵化培育，然后鱼苗被销售到附近的各个鱼塘。这一片两万多平方米的土地，在历史长河中屡次被抹平、重现以适应人类生存：从森林到农田，到鱼苗场，再到工业厂房，现在又将回到“森林”。许多人、许多地方都在很短的时间内经历了从农业时代到工业时代再到信息时代的快速转变。鱼苗场虽然只是其中一个片段，却是这片土地留下的不同印记，应该被尊重、展现和表达出来。

5800 立方米
年雨水利用量

35 天
维持历时 35 天无明显降水的景观用水量需求

6 小时
可以滞留 100 年一遇的 6 小时连续降雨 = 蓄水池 A 15 立方米 + 蓄水池 B 90 立方米

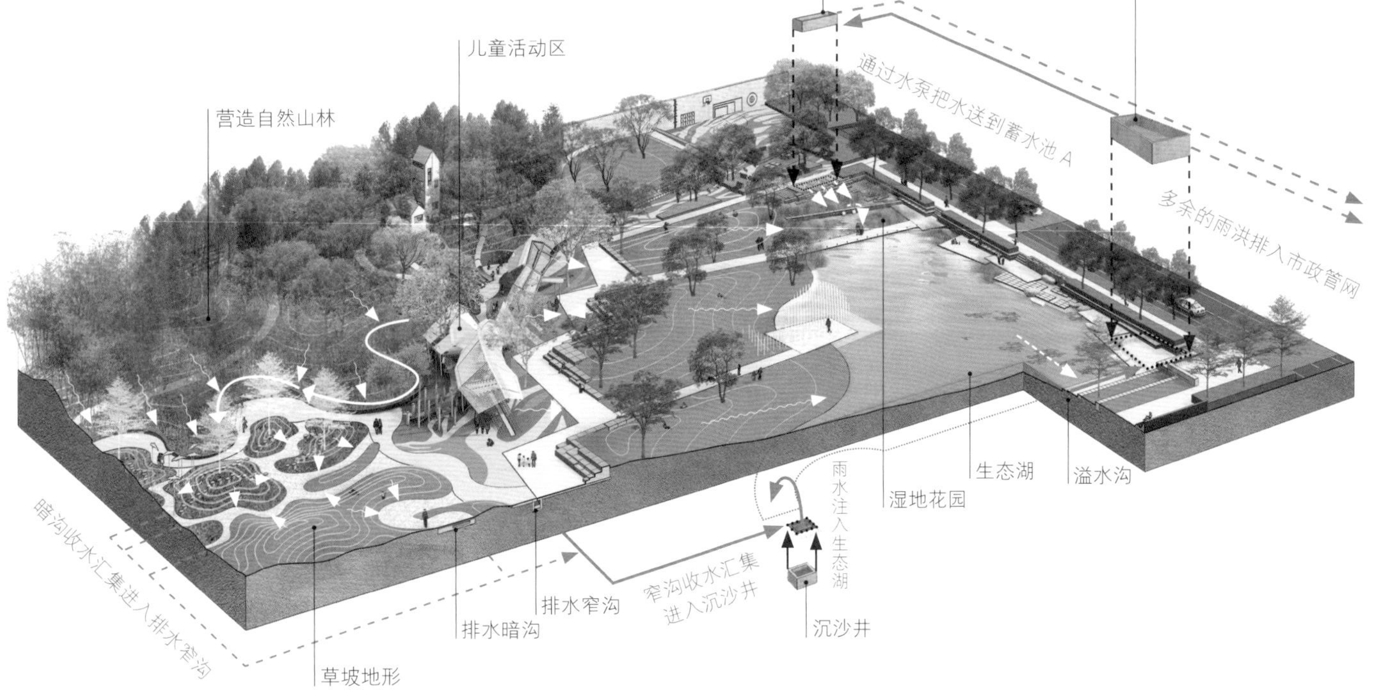

通过水泵把水送到蓄水池 A
多余的雨洪排入市政管网
儿童活动区
营造自然山林
雨水注入生态湖
湿地花园
生态湖
溢水沟
暗沟收水汇集进入排水窄沟
窄沟收水汇集进入沉沙井
沉沙井
排水窄沟
排水暗沟
草坡地形

大鱼公园在设计和施工上采用生态湖、湿地花园、溢水沟等方式进行雨洪管理，形成了整个公园的生态水系

空间：项目位于广州的白云山附近。建筑师藤本壮介希望将白云山的意向“借用”到社区，试图营造一种未来人居环境新的范式，将现场小规模工业景观转变成人与自然融合的“未来森林”。这个公园的设计也受此启发，将可能曾经存在于场地中，又由于各种原因消失在历史长河中的各种当地景观重现在公园中，如森林、草甸、河流、湿地、浅滩和池塘。现状平整的场地通过挖方和填方的调整形成了一个小型的山体和湖区以及二者之间的过渡平缓区。各种类型的景观在不同的地形和标高上呈现，给人丰富的景观体验，同时这种类型的功能活动空间也有机地穿插在各类景观中。

技术：这个项目上，我们最为大胆的尝试就是通过在现场挖方和填方来完全重塑场地。由于填在原有鱼塘的土大多为建筑垃圾，在地形重塑时，这些建筑垃圾被挖了出来，堆在场地的北侧，成为一个小型山体。我们对公园内的雨水系统也进行了重塑，雨水收集、沉淀，通过湿地的净化进入一个大约1500平方米的池塘。池塘中设计湿地植物和水下森林来进一步净化和保持水质。由于当地的地下水位较高，且有一定的污染，我们建议在水池下放置防水毯，对雨水净化而成的池水和有污染的地下水做一定程度的隔离。

（广东广州 / 2018 年建成 / 2 公顷）

大鱼公园在修建时占用了规划道路用地（设计的时候已确认道路的修建没有具体时间计划，公园可以暂时使用）。
2019 年，规划道路开始启动修建，公园被拆掉一半。原来的生态水系统因为施工源头被破坏而断水

回访者：潘昭延

回访时间：2022 年 1 月 29 日

由于该片区的建设加快，公园西侧建设道路，并在原规划基础上拓宽，公园的面积被砍掉近一半。原本设计的“群鱼跃水”的装置，也只剩三条，其中一条被挪到了场地角落，失去了当初的整体感。走进公园观察周边居民的活动：小孩在仅有的沙池滑梯上爬上爬下，玩得不亦乐乎；家长们把电动车直接停在旁边，三五成群地聊天；人群的聚集吸引了一些来摆摊的小商贩。大鱼公园后期交还给政府管理，处于一种低成本、低维护的状态。该公园除了服务代建开发商建设的新楼盘，还有周边的社区——一些未经改造的民宅基地，这些社区在城市更新的过程中正处于乡村向城市靠拢的演变过程，是典型的城市边缘的“城乡接合部”。

无论从流线还是空间上，大鱼公园都没有主入口、围墙，呈现开放的状态，其实“管理”公园的更多的是周边居民。当居民以日常生活的姿态去接触、维护，甚至“入侵”、改造一个公共空间的时候，这个公园会呈现出多种面貌。这些面貌不同于“网红打卡点”，不同于以销售为目的的精心打造地，它会随着时间的推移反映出使用者的真实需求——这种需求在设计过程中往往是不被设计或者说无法通过设计得到满足的。

回访者：王墨

回访时间：2021 年 9 月，2022 年 2 月

去年广州大学风景园林专业的学生去大鱼公园进行过一次人因工程情绪测试。当时是 9 月的一个周末，白天天气很热，只有学生和少量居民，公园西侧做了围蔽。为了给旁边的快速路施工腾挪场地，滑梯装置已经被移到旁边的草坪。人因工程实验得出的结论是一些常规的内容，如在活动设施（滑梯）处，使用者兴奋点集中，情绪波动大。

今年春节的时候又去过一趟，当地居民日常带小孩玩滑梯的居多，一个时间段大致 2~3 群人，10 人以内。施工对公园的使用还是造成了影响，也降低了东侧未来森林住区居民的使用意愿。人工湖没有得到维护，一些互动装置没有得到及时维修，大鱼公园东北侧的市政路已通车。

公园在设计的过程中，貌似体现的是资本（开发商）和设计师的意愿，而在后来的使用过程中，逐渐转化和呈现为政府和社会的意愿——这在大鱼公园中的体现非常完整：首先，用地的变动，或者绿化管理部门维护的方法和力度，改变了公园的面貌，这是自上而下的；其次，居民（使用者）会按照自己的需要、习惯创造性地使用一个场所，这是自下而上的。设计师在回访大鱼公园的时候还发现，去这个处于“城乡接合部”公园玩的人，不仅有楼盘的居民，还有不少附近村民。城市化不只是外部物质空间的改变，同时也是“公民化”的过程——建立在传统熟人社会中的“礼让”逐渐让渡给公共社会中陌生人之间的共处方式，大家在共同使用公共空间的过程中逐渐达成对“共享”“分享”“轮流”“平等”“契约”等概念的共识。对于将空地、构架等公共空间和公共设施“私有化”或者“半私有化”，为满足个人需求而忽视公园公共性的做法，在不妨碍他人使用的情况下，从设计的角度看可以当作民众的一种权利和利益之间的平衡，让设计有一定的包容度。公园面貌最后在政府和居民的双重“整改”下呈现“多面性”。

阿那亚儿童农庄

儿童农庄在山丘的一角，有很多的登山步道连接山上和山下

缘起：位于秦皇岛的阿那亚滨海小镇，应该算是中国最有影响力的开发项目之一。明星建筑师设计的图书馆、小礼堂、美术馆、艺术中心等地标性建筑扩大了项目的影响力，系列的活动组织和社群活动强化了社区的文化氛围。儿童农庄项目包括约 6 公顷的沙丘林地和约 1 公顷的山脚平缓地带，均为非建设用地。随着小镇日益成熟，原有的位于入口道路和刺槐林沙丘之间的儿童农场显得过于简陋和品位不足，亟须改造和提升品质。

文脉：秦皇岛因秦始皇东巡至此，派人入海求仙而得名，是中国唯一一座因皇帝帝号而得名的城市，也是东海滨海历史最为悠久的人居地。在中国传说故事里，不管是“愚公移山”还是“精卫填海”，都反映出人类不畏自然、奋力改变自然的精神。事实上，在中国的历史上不乏“沧海变桑田”这种改造自然环境的例子。在 1930 年之前，场地里的刺槐林地带布满在海洋和陆地之间移动的沙丘，为了防风控沙，从德国引进的刺槐树被大量地种植在这里。几十年过去后，

儿童农庄建成后，为度假区的整体配套增添了一项活动内容

沙丘变成了森林，而周边的农田随着城市化的进程逐渐变成了滨海度假小镇。我们眼中的“自然”并不是一成不变的，相反，人类的活动一直在改变自然，使其更加适合人类生存。

空间：项目在空间上分为静谧的山丘刺槐林和热闹的山脚儿童农庄活动区。贫瘠沙丘上的刺槐林，在恶劣的自然环境下生长缓慢。由于游客的进入，许多刺槐树赖以生存的薄薄的土层被破坏，造成坍塌。为了让人方便地进入和体验刺槐林，但又不造成负面生态影响，我们设计了架空的木栈道系统——林子中间、道路交会处，一个环形的木栈道和亚克力屏风形成一个围合空间，让人能静下心来欣赏光影和微风。儿童农庄的设计受《山海经》故事启发，将奇幻的海洋生物和活动设施结合在一起，形成一个个独特的记忆点——章鱼滑梯、鱼骨亭、海星菜园等。

技术：不管是刺槐林还是小农场，现状的土壤基本上以沙为主，营养成分含量少。我们希望能够逐步改良土壤，让刺槐林在未来更加丰茂。通过研究以及基于造价等因素综合考虑，最终采用的一系列措施包括客土换填，适度增加林下地被和喷洒营养液，以达到逐渐改变土壤 pH 值的目的。*（河北秦皇岛 / 2018 年建成 / 7 公顷）*

儿童农庄背靠防风固沙用的刺槐山林

山丘上的刺槐林原本是为了防风固沙种的。品种单一，对土壤的改良效果欠佳

冬季的刺槐林，黝黑的树干在灰白的步道衬托下显得格外遒劲

上图：山丘顶上是一个边界用亚克力屏风限定的大圆环；下图：其他的步道边界是网状的防护，尽可能通透

少质土壤为儿童活动提供了天然的防护

回访者：姚瑜
回访时间：2021 年 7 月 29 日

阿那亚儿童农庄总体维护程度处于良好状态：戏水器械依旧完好（相比大鱼公园和劝学公园而言），高空滑梯是开放的（相比于云朵乐园），而且有专门的人负责管理滑梯穿着装备和管控人数。公园由阿那亚物业专门管理。虽然公园体量不大，但具有特色，不同于附近的湿地公园，能吸引家庭群体来游玩，在阿那亚 App 上的评分较高。

鹅卵石铺底的溪水很受欢迎，因为小孩喜欢玩水；家长们则喜欢聚坐在弧形长凳上等候。由于天气炎热，在树荫下的项目会吸引更多人群。公园内的建筑状况良好，有咖啡厅和小课堂教室，同时也能为户外活动人群提供消暑休憩的空间。

受访者：马寅 阿那亚总经理

采访时间：2022 年 10 月 27 日 星期四 多云

问题 1：儿童农庄作为阿那亚小镇配套项目之一，你们是怎么定位的？对它的期望是什么？

答：这里的定位是亲子乐园。儿童农庄紧邻现有刺槐林，简洁的木栈道和捕捉光影的亚克力屏风，让人们在林中散步的同时，感受自然界光与风的变化。除此之外，这里还是一座自然与人工之巧相辉映的乐园。65000 平方米的原生态沙丘与刺槐林，7400 平方米精心构建的海洋主题体验与互动园区，丰盛的空间结构与设计匠心，足以容纳孩子们的美好童年。

在投入使用后的 4 年中和未来的日子里，期望通过户外无动力乐园与幼儿教育的融合，打开自然之门，让孩子们与朝露、夕阳、海风和大自然相伴，让他们从接触与玩耍起步，了解和认识自然的知识与魅力。

问题 2：儿童农庄的用地性质是什么？使用上有什么限制？

答：用地性质为公共绿地。作为改善生态环境和供社区休憩所用的土地，规划上允许做绿化种植、景观小路、休憩座椅等小型景观构筑物和微型街道设计，但不得修筑大型建筑物。从使用上，儿童农庄也就缺少了相应的配套和后勤空间。

问题 3：在设计的阶段中，你们考虑后期运营了吗？根据运营需求对设计提出过什么要求？

答：设计之初，张唐景观与阿那亚运营团队做了深入的交流，将后期运营需求前置化，在管理、使用安全和维护保养等方面提了很多优化建议。比如水草、水景要考虑循环过滤水，保证水质清澈；项目四周做栏杆围合，设置专用出入口，方便人流管控；绳索滑行区设置专用隔离栏杆，保证滑行时没有儿童误入，不会发生危险，等等。在滑梯上下楼梯处安装防护网，做好孩子们在尽兴玩耍时的安全保障。

问题 4：儿童农庄建成后，最受欢迎的项目是什么？人气不如预期的又有哪些项目？

答：即使是骄阳似火的夏季，五爪章鱼滑梯也是最受小朋友们欢迎的项目。在儿童农庄工作人员的耐心疏导下，几乎每天都能看到按秩序排队等候滑行的小朋友。木桩探险本身的难度较高，单次游玩耗时耗力，并且多数小朋友都需要家长的陪伴，因此体验的人数较少。在儿童农庄的每一个项目中，亲子配合不仅能（让家庭成员）体会妙趣，在游戏中慢慢建立起友善而亲密的关系，更能使他们在自然的舒缓中体验亲密的陪伴与爱。

问题 5：能否简单地介绍一下运营和维护的情况？

答：为了完善社区的配套服务，儿童农庄从收费改为完全免费的公益乐教场所，现阶段由阿那亚商业管理团队和物业公司共同完成日常的设备检查、维修、现场卫生保洁，并且不间断地打理种植区的观赏植物和农作物。每一年淡季，阿那亚设计团队会收集运营提出的一些整改意见，比如木桩裂缝过大、铺装破损严重等，按照意见进行调整和重新设计，希望最新和最专业的面貌在来年迎接更多孩子们的到来。

问题6：开园后游客对于设计和运营都有些什么反馈意见？

答：儿童农庄在近5年的运营中，游客的反馈意见集中在以下方面。

1）章鱼滑梯的上、下行楼梯扶手。游客建议安装双面扶手更安全，现状的单面扶手不能360°保障孩子的安全，还是会有跌落的风险。

2）出入口数量。主要游玩设施距离主出入口较远，建议增设出入口，方便孩子和家长进出。

3）自行车停放区。面积太小，尤其旺季人手一辆自行车时，会出现不够存放的情况。

问题7：儿童农庄运营和维护一年大约的收支情况如何？你们预计未来几年这些数据会有什么变化？

答：在儿童农庄改为社区公益配套前，年收支基本平衡；公益化后，缩减了人员成本，总体支出大约在20万元。若可以增加相关主题的夏令营或培训活动，不仅可以大幅度地增加收入，还能够丰富园区的儿童活动内容。

问题8：儿童农庄的经验对于阿那亚未来类似的项目，有什么值得借鉴的经验或教训？

答：在阿那亚北岸社区和广州九龙湖项目中，我们不断地在探索儿童游乐空间的设计，近6000平方米的戏水乐园及游乐设施将在明年呈现。在过去5年的儿童农庄运营中，因地制宜或许是我们得到的最宝贵经验。

首先从更为具象的材料方面进行讨论。海边气候盐碱性和湿度大，原木材料的适应性相对差，因此导致“木桩探险”中的材料出现严重裂痕，即使每年不断维护，依旧有客诉的情况。另外，北戴河夏季紫外线强，导致不锈钢材料表面温度过高，不适宜孩子玩耍。吸取此类经验教训，在新的项目中，在不牺牲产品效果的前提下，取而代之采用了木塑复合材料和有过隔热处理的铝制材料，其稳定性和极端气候的适应性都更胜一筹，让运营更专业，也提高了后期维保的效率。

其次从抽象的环境科学方面进行讨论。人是环境的孩子。儿童农庄依沙丘而建，在沙丘高低起伏间，种植着大片刺槐林，农庄尽最大可能保留了这里的自然意趣。利用场地原本的生态系统和地形高差，设置游乐设施，让孩子们在自然中玩耍与成长。场地永远都是设计的基础，顺应原自然所给予的基础条件打造“精而合宜、巧而得体”的景观设计，随之带来的是偶然性和有机性。促使使用者主动地与自然环境产生某种碰撞和交流，从而产生在环境中的舒适感、认同感与归属感。

静谧的山丘刺槐林中，架空的木栈道系统和捕捉光影的亚克力屏风，
让人体验刺槐林、沙丘和这片土地的变迁

良渚滨河公园

滨河公园为万科良渚文化村代建的市政绿地公园。在绿地率的要求下，景观设计需要尽量减少硬质场地，只能布置一条简单的步行环路。我们利用相邻住宅工地多余土方营造地形和塑造空间，采用本土低维护植物，自然雨水系统，尽量降低后期维护费用。简洁的设计有效地控制了造价，同时给使用者提供了多种可能性。*（浙江杭州/2013年建成/3.6公顷）*

在用地属性上，这里是一块滨河防护绿地，规划图纸上显示为绿色

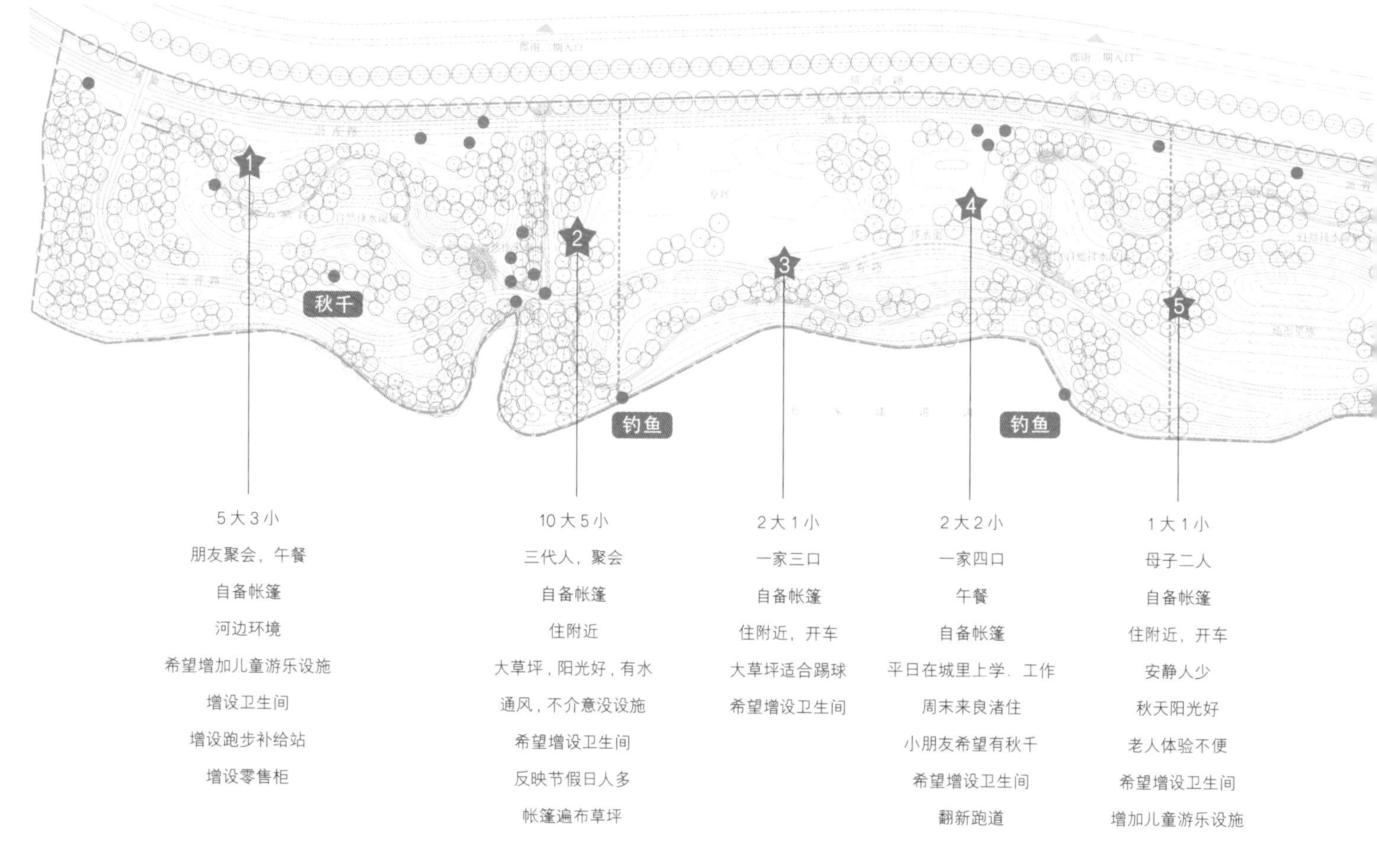

看似只是一片绿色的良渚滨河绿地，在设计中却做了深入的坡地竖向设计

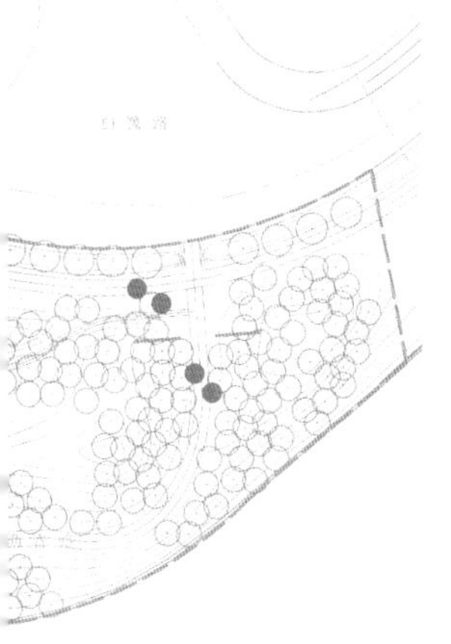

受访对象位置（约 59 人）

露营帐篷

采访者：牛宇轩，潘昭延
采访时间：12:40—13:40 2021 年 10 月 23 日
星期六 晴 桂花飘香

受访对象 1：正在林下帐篷中享受美食。一位男士讲，选择滨河公园露营是觉得河边环境好，人也不算太多；希望再增设一些儿童游乐设施和卫生间，希望在运动跑道沿途增加补给站（零售柜），以满足运动需求。

受访对象 2：两顶帐篷扎在大草坪一角。年轻的女主人住在附近，天气好的时候会邀约朋友和父母一起来聚会。她喜欢这边的阳光大草坪，一旁的大伯补充说还有水系、通风也好。他们并不介意这个公园只有一些简单的设施，但是同样也希望增设卫生间。此外，他们反映在天气好的节假日，草坪上会扎满帐篷，人气很高，与此时是不一样的景象。

受访对象 3：正在收拾帐篷。妈妈讲他们住在附近，经常会自备帐篷来公园玩，喜欢公园中间的大草坪，小朋友会在这里和爸爸踢球。因为公园的边界和车行道之间有绿篱绿化带，不方便停车，所以爸爸建议增加临时停车点。希望增设卫生间。

受访对象 4：受访时正在露营午餐中。妈妈讲他们平时住在杭州市区，方便工作和小朋友上学，周末会来良渚的住所居住。因为公园离家很近，所以天气好的时候会带帐篷出来露营午餐。小朋友希望公园里可以有秋千，爸爸观察到公园跑道材料已老化，希望能翻新塑胶。此外，全家都提议增设卫生间，方便长时间游玩和停留。

受访对象 5：专程从附近的万科未来城住宅区驱车前来，大概 10 分钟车程。尽管自己住的小区里也配有景观设施，但更喜欢这边安静人少的氛围。随车自备了帐篷，秋天来滨河公园可以露营、在草坡上晒太阳。以前也有带家里的老人来。因为会在此地长时间停留、休息，建议增设卫生间（仅有的公共卫生间位置偏，使用不便）。提及希望能有一些儿童游乐设施，以增加活动的丰富性，但也担心会因此影响公园休闲、安静的氛围。

现场观察：由于回访是在中午进行，所以观测到的活动多是以露营帐篷为中心展开的。除此以外，还有的人在大树上绑了吊床，在林下午休；河岸边也有两个大爷在独自的领地里钓鱼；一些像是路过的人匆匆走在健身步道上……

相比于附近几处设施完备、人流较多的社区公园，选择来此的人们大多并不只是因为区位的便利，而是喜欢这里舒适放松的氛围。

公园刚建成时的状况

从上至下：
健身步道标识；
简易的健身设施和被踩秃的草坪；
新增的活动场，但是坡度较陡；
河边垂钓的大爷

公园建成 4 年后草坪上丰富的活动，比如露营

云朵乐园

麓湖生态城是成都郊区的新建社区，社区主体为在相对很短时间内搬进来的居民。公园作为社区使用频率较高的主要公共空间，起着促进居民交流、形成良好的邻里关系以及打造新的社区文化的重要作用；同时，公园是社区居民日常生活里接触自然的地方，是一个重要的环境教育场所。两千多年前的著名水利工程都江堰的建设使得成都成为“水旱从人”、沃野千里的天府之国。在历史上，成都人依水而居，与自然融洽共处；但是，随着现代城市建设，河道飞速消失，人们的日常生活与水之间的矛盾也越来越多，比如近年来，频发的内涝使得水成为城市中的隐患。我们通过对麓湖引水造湖的历史解读以及社区现状分析，将场地定位为寓教于乐的儿童乐园，一个露天的“水体验馆”：以水的各种形态和特征为灵感来设计景观空间和节点，希望通过设计让人更好地了解水对生活的重要性，重塑人与水的关系。

（四川成都 | 2017 年建成 | 2.5 公顷）

云朵乐园讲述了一个关于水的生态故事

走，去滑滑梯

下，还是不下？这是一个考验勇气的难题

承载了消防车道功能的“小溪”总是引人驻足

2019 年，华森设计建筑师团队在水滴剧场前合影留念

2021 年 10 月，受到精心维护的云朵乐园依然很受欢迎

安静地做着“实验”的小孩

玩滑索往往需要大人的帮忙

采访者：唐子颖
采访时间：2020 年 8 月 20 日 星期六 晴

万华彭总：目前物业最多的反馈是，小孩玩水弄湿衣服以后没地方晾干。有些家长就晾到树枝上。物业希望以后景观可以考虑这方面的功能需求。

万华李工：（“跳跳云”没有开放）可能物业考虑管理麻烦，还要脱鞋、分批次入场。云朵乐园一直没有收费，甲方承担维护费用（一年约 200 万元），通过网上预约控制人数，现在还处在树口碑阶段，为售楼服务。业主一般在平时用，周末客流太饱满，所以周末让给游客玩。

现场观察：大家普遍集中在玩水的地方；鹿角爬网也会聚集一些小孩。家长们习惯“帮”“教”或者“陪玩”，比如小孩弄湿衣服后马上帮助更换；“伺候”各种玩水工具，指导小孩怎样打水枪；亦步亦趋地跟在小孩身后随时保护；随时用食物“投喂”孩子。

对于在戏水的小孩，即使水再浅，大人也会紧张地看护

回访者：潘昭延

回访时间：2021 年 10 月 1 日 星期五 晴，凉爽

为了便于登记和测量体温，云朵乐园只设置了一个出入口，其他入口都关闭；但丝毫不影响游客来访。跟入口保安聊天发现，节假日云朵乐园游客人数多达 2000 人次 / 天，周末也能有 1000 人次 / 天。与 8 月份盛夏戏水的场景不同，大多数人都集中在麓角爬网、“跳跳云”、水磨石滑梯等装置区域。戏水池因天气温度原因处于完全无人状态。

云朵乐园建成后由麓湖开发商负责运营，现场看到的儿童装置和器械大部分都能使用，而免费开放更能吸引大批游客，深受附近社区居民喜爱；但运营方也对乐园的一些地方进行“风险规避”，像设计与湿地融合的水下走道被摆上花箱防止人进出，水中行走的体验感未能实现。与麓湖水体相接的亲水平台和喷水器也被封起来，高空圆筒滑梯更是直接暂停开放。看着这些地方，深感设计中所说的“安全”二字是一条摇曳的动线，依靠设计师和甲方的互相配合和博弈取得平衡。

然而，不管我们如何设想场地被使用，小孩总能以他们的方式去玩耍。比如水磨石滑梯沙地的大部分变成了小孩玩沙的地方；“跳跳云”上有玩累的小孩直接躺在上面打盹；附近的水景池边，小孩拿起石子打水漂。其实，公园在建成后又被他们“重新设计”了。

滑下来了，还是想爬上去

上图：可以玩沙玩到永远；下图：跳跳云上打个盹儿

回访者：张伊安

回访时间：2018 年 12 月 16 日，2021 年 11 月 1 日

第一次到云朵乐园时，超长滑梯还能使用，不管大人或是小孩都会排着队去体验，但滑到出口时一些游乐者总会偏移滑梯段，这或许导致了后面滑梯被禁止使用的结果。即使是在呼气成雾的冬天，小孩们也愿意跑上跑下反复去探索超长滑梯带来的愉悦，他们大概不认为偶尔的偏移轨道是一种危险。

第二次去云朵乐园，出于安全性的考虑，包含超长滑梯入口的平台整体都被禁止使用，让原本是云朵乐园户外制高点的观赏木平台成为了摆设，人们也因为一个节点失去了享受其他美景的可能。

无论是 2018 年第一次到云朵乐园，还是 2021 年，整个园区的热度都是火爆的。两次场地观察的时间都是周末，依照成都当地人“好耍”的生活习惯，云朵乐园吸引来的从来不只是附近的居民。在成都与本土设计师交流分享云朵乐园的建造过程时，设计师们都会提到周末会带全家在那里“一待就是一天”。

云朵乐园在秋季和冬季吸引众人反复试探的，有充满挑战的雪坡滑道。从 2018 年就在场地里的滑梯保护用的布袋，在 2021 年时已经稍微破烂，但不影响参与者的使用，常出现的画面是两三家长在中心沙坑区域鼓励着平台上犹豫不决的小孩，当小孩看到周边的小朋友都顺利滑下去之后就开始跟在沙坑里的家长展开长达 2 分钟的“加油！你可以！”“我害怕！”的拉锯，一般时候，在下面等待的家长总有一位会妥协，爬楼梯到平台上继续鼓励小孩或者直接劝退。

3 年间玩法不断被创新的还有连接场地的“曲溪流欢”。2018 年冬天，还是云朵乐园的试营业期，需要提前预约才能入场，曲溪流欢还是单纯的喷泉互动自行车的下游，小孩会在喷泉小广场上蹦跳之后顺着小溪奔跑。2021 年秋天，原本清澈的水渠经由小孩的玩乐跟雪坡滑道中心的沙坑联系在一起：他们从单纯玩水变成了先搬运沙、混合沙和水，到再玩水。依照场地本有的素材进行再次探索与开发，让乐园中的快乐更加丰富。

公众不会按照设计师的意图使用场地。
比如，只要有草坪，就会有人铺餐垫、支帐篷；
孩子们会把滑梯处的沙子带到溪水边

象征智慧的脑洞乐园

智慧中央公园

淝河智慧中央公园是淝河片区 TOD 项目中倡导以“智慧”和“生态”为核心的景观公园，属于城市绿道系统中的两个连续绿地，近 700 米长，紧贴城市主干道，服务于周边社区。项目以原有的地貌作为参考，在空白的场地上塑造出类似平原、丘陵、低山、湿地、丛林、溪流、湖体等不同的景观空间风貌。利用土方平衡出的地形，在隔离城市主干道对公园及社区影响的同时，还被植入了满足周边居民日常生活的各类功能场地。在项目内的东、西地块中，有多块连续的雨水花园，它们最终汇入了一个约 3000 平方米的生态湖体，给城市绿道带来了丰富的动植物生境。

（安徽合肥 / 2018 年建成 / 5.73 公顷）

回访者：徐敏，张笑来
回访时间：2021 年 7 月 工作日 天气炎热

7 月正午的广场入口，没有浓密的大树荫，显得道路很宽而且很晒。没走几步就是“引力波草坪”，草坪的地形保留得比较完整，但大概是由于维护太少，部分草坪已经被白三叶侵占，其上飞着白色小蝴蝶，侵占的斑块让人失去了冲进大草坪的兴趣。穿过没有林荫遮盖的“星际广场”，看到“脑洞乐园”的大廊架，廊架底下好乘凉，是大人看护孩子的好地方。爬上长满杂草的“脑洞”，觉得还挺有趣，比山坡下的杂草坪略有野趣和美感。塑胶小路褪色了，略微开裂。“脑洞乐园”背后的雨水花园是最有趣的地方，一直保持着可持续发展，听说还多出了不少原设计没有的品种。公园建成近 4 年，就这样安安静静地让自然在做功。

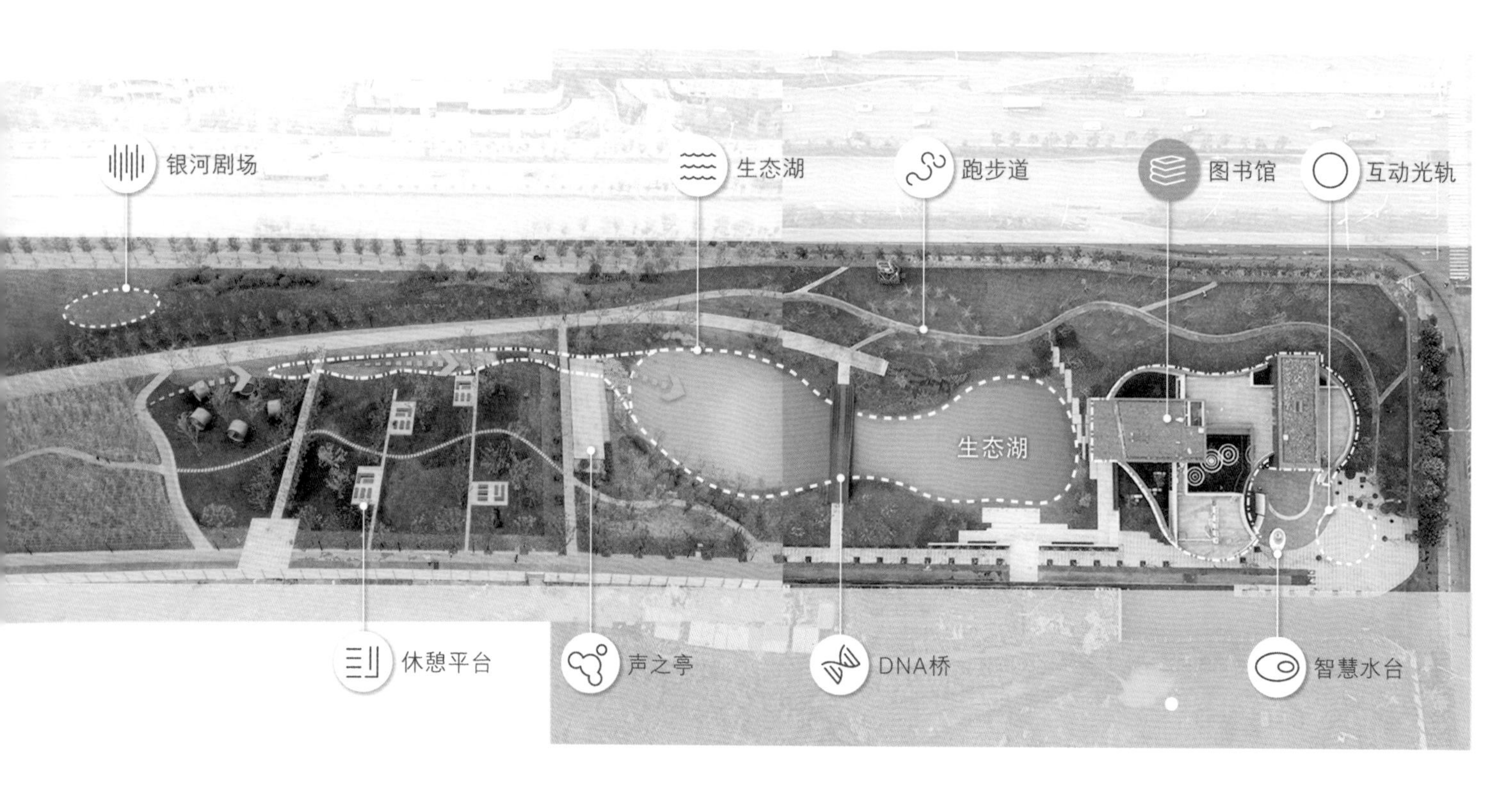

脑洞乐园的塑造过程

翻坡，向上，在脑洞乐园里徜徉

受访者：王东方 合肥万科景观设计部经理
采访时间：2022年10月29日 星期六 多云

问题1：淝河智慧中央公园的用地性质是什么？使用上有什么限制？

答：用地性质属于公园绿地，在使用上，按照国家相应规范标准执行即可，在实施上，要求按照当地包河建设发展投资有限公司提供的规划进行方案设计，竣工验收合格后，无偿移交地块给所在地政府或开发区管委会。

问题2：在设计的阶段中，你们考虑后期运营维护了吗？根据运营需求对设计提出过什么要求？

答：当时考虑以“轻运营、低维护”为主，因此提出设计要考虑雨水花园、光能、风能等生态理念与智慧科技结合方式，进行公园设计。

问题3：公园建成后，最受欢迎的项目是什么？人气不如预期的又有哪些项目？

答：互动功能强和休憩的设施项目受到欢迎，如游戏乐园区、健身跑道区、“星际广场”和“原子亭”。人气弱的区域为休憩树林区、“引力波草坪”和“互动光轨”。

问题4：智慧中央公园是谁负责管理和维护的？能否简单地介绍一下目前的情况？

答：目前由建设方进行管理与维护。由于项目建设周期长，近期维护管理主要以基础的保洁与养护为主，后期正式移交前将根据政府意见进行整改。

问题5：开园后，游客对于设计和管理都有些什么反馈意见？

答：客户对“脑洞乐园”喜爱度高，但是高峰期人流量很大，安全风险管理给运营方带来较大压力，需要在高峰期、节假日，投入多人专岗进行巡场管控。

问题6：智慧中央公园的经验对于合肥万科未来的类似项目，有什么值得借鉴的经验或教训？

答：对于开放型公园绿地，应以多绿化、有氧运动的活动功能布置为主，同时按照步行尺度设置休息设施，满足城市绿地需求及提高居民的参与度。大型设施应考虑维护管理的便利性，如应在邻近管理用房处设置，节省人力成本投入；如有一定安全风险类的设施，在没有管理投入的前提下，应禁止投入与实施；绿化应考虑生长周期，适当预留生长空间，避免后期因苗木过密导致的不良影响。

嘉都中央公园

嘉都是一个距离北京市区 30 公里的新建综合社区，主要居民来自北京市年轻的工薪阶层家庭。嘉都中央公园位于 4 个新建高层居住组团之间，为一个长 600 米、平均宽 55 米的带状公园。场地平整，无任何保留植被。嘉都中央公园作为张唐景观对理想城市社区公园的一次积极探索，从建设社区文化、满足日常需求、进行生态环境教育以及为下一代提供健康成长的环境四个方面入手，将对理想社区的各种深入思考反映在公园的每一处设计细节上，旨在营造一个功能完善、特点鲜明并具有一定时代意义的社区公园。（*河北三河 / 2017 年建成 / 3.6 公顷*）

公园建成后，最受欢迎的地方就是运动场地

公园中间的生态草沟，逐年呈现出自然的状态。

受访者：黄晖 嘉都中央公园设计管理经理
采访时间：2022 年 8 月 25 日 星期四 晴

问题 1：嘉都中央公园的设计定位是什么？是社区公园还是市政公园？地块性质是居住用地还是城市绿地？

答：公园定位为社区公园。地块性质是居住用地。

问题 2：在双方交流设计的过程中，甲方是否有考虑到未来运营和维护的后续，并且反馈到设计上？如果有，能否具体说说？

答：是的，公司希望为居民做一个属于嘉都真正的私属公园，希望通过景观的营造，社群活动的运营等让居民居住在这里有归属感。中央公园实现了我们一开始的想法，深受居民的喜爱。

问题 3：在建成后，哪些场地最受居民喜爱，活动较多？使用中有什么问题？公园里举行过什么类型的社区活动？（甲方反馈和场地回访观察皆可。）

答：嘉都中央公园整体设计涵盖全年龄层，在大型社区内部，公园使用率非常高。①儿童类活动设施使用程度极高，比如星际探索区域，沙坑、蹦床、攀爬网、滑梯、月球装置、轮滑场；②运动类场地使用频率高，足球、篮球成人使用较多；老年人集中在林下休憩区，下棋、遛娃、嬉闹；树林下多数是石头凳子，老人们都自带棉垫，如果是木头面会更实用一些；③“引力波草坪”区域空旷视觉感受好，有空间层次，游玩较少；运动器材区域人数较少，与住宅区内运动设施重复；④雨水花园海绵城市设计原理新颖，但观感不佳，没有花园感，也没有水系的流动感，大多数都是一片郊野的感觉，如果能精致一些就更好了；⑤中央公园东西两侧的观景平台，使用率不高，容易被遗忘。平台上无其他设施，体验感不佳，周边都是道路和漏洞（桥洞？），也不能提供可观赏的空间，如果结合社区环境变更为独立娱乐的主题会更实用；⑥结合场地设计开发商自运营的活动有篮球社群活动、足球社群、轮滑社群、公园 Hi 空间共享活动空间。

问题4：公园在使用中有哪里运维良好，哪里有问题？

答：运维较好的区块有“引力波草坪”、足球场、健身平台（健身设施区域）、雨水花园、桦树林和木制休憩凳。运维有难度的区块是①滑梯区域儿童集中，对周边绿草坪破坏严重，蹦蹦床维修频次高；②“月球八音盒”周边绿地踩踏严重，不利于修复；③乒乓球场上业主自行拉网，用于拦截飞溅的乒乓球；④篮球树维修频次高；⑤开放式篮球场上的活动易对周边道路上的行人产生危险，篮球场上的呐喊声、打球声影响周边居民休息；⑥部分足球、篮球爱好者业主觉得，球场用于比赛规格较小，属于日常游乐型。

问题 5：在建成后，嘉都的运维由谁负责？中间负责方是否发生转变？运维的过程中，产生较大的费用是哪些方面？这些费用是谁出资？

答：现阶段由物业负责。2017 年以来蹦蹦床损坏较多，增加了配件；2021 年针对篮球场地面开发商出资重新做了地面。

课程活动表和篮球俱乐部课程

公园内丰富的课程活动

新增的 Hi 空间中心

受访者：田蕾 社区营造的运营总监
采访时间：2022 年 8 月 25 日 星期四 晴

问题 1：嘉都中央公园定位为社区内部公园，在管理上是怎么考虑的？

答：我们这个公园是当时利用北侧和南侧两部分地块作为居民区，重点景观包括一些活动场地都定位在中间的场地，公园的名字也是我们起的。小区内部每一个组团的园林环境和设施比较小，大型的东西都放到中央公园里。这个公园是实行封闭式管理的，只有用门禁卡才能进出。这样做的原因出于几个方面考虑，第一是安全管理；第二是维护成本，人太多成本也会增加；第三是我们希望提供给小区业主一种专属公园的体验。

其实，公园管理上也有灵活的调整。我们社区是南北两侧的小区，两侧小区各自有三个组团，每一个组团都是一个封闭管理的单位。比如 1B 组团的居民只能由 1B 的门进入中央公园，游玩后原路返回从 1B 的门出去。居民反馈这样很不方便，后来我们就把组团之间的门按时间段管理，但对外还是封闭式管理。

问题 2：你们想在嘉都中央公园里做运营的起因是什么？总体的思路是怎么样的？具体有什么的策略和做法吗？

答：总体上是先有中央公园，后有社区运营。我们在做中央公园的时候，阿那亚也还没火起来，那个运营的思路在甲方也还没有形成一个共识。我们算是比较早提出这个理念的，因为当时嘉都正面临一个销售的淡季，那我们想着如何去突破。所以我们开发商内部成立了运营部门，总体思路可以用《论语》中的一句话去总结：“近者悦，远者来。” 社区运营的理念，实际上就是服务业主。首先，我们小区是大型小区，6 个组团加起来有 1 万户，除了几个还在销售的楼座，按每户 2.5 人来算，都有 2.5 万人了。其次，我们希望社区运营更加有组织有计划，做得要比居委会更好。现在的居委会不能完全承载当代人的生活方式，不管从活动内容还是精神交流，社区运营可以做有效的补充。

中央公园（的设计）不是天然为社区运营服务的，所以社区运营必须想办法把中央公园的一些东西纳入运营体系。一部分是活动空间，场地上有篮球场、足球场，我们就成立了篮球、足球俱乐部。社区里有大量儿童社群，我们就开设各种各样的课程，如美术班，在嘉都中央公园里写生。场地上有空旷的草坪，我们利用起来举办了中秋节音乐会，请来的歌手刚好是社区的业主，活动费用是我们开发商自己出的。

问题 3：在做公园运营的时候，你觉得比较难的一些地方是什么，有什么阻碍？另外，有什么觉得做得成功的地方？

答：这个我分两部分说，一个是场地和设施，另一个是组织层面。举个例子，宇宙飞船场地的蹦床容易坏，因为四五个孩子一起蹦，弹簧特别容易坏，更换频率很高。后来我们想个办法，就是在蹦床下面堆点沙子和土，垫高点，减小蹦跳的幅度。组织层面上，比如篮球场也出现过争场地的问题，我们没有在中央公园设计专门跳广场舞的场地，所以跳广场舞的人会去篮球场争场地，他们会有冲突。我们社区运营就需要去协调。后来有人投诉打篮球产生的噪声大，球场加了门禁，规定开放的时间，球场的人又不乐意了，我们也得去跟他们协调好。

在公园里，我们新增建了一个小房子，取名为“Hi 空间”，按理说应该是一些小的商业设施配套，比如咖啡厅。但我们运营希望商业在公园之外，这里就是完全属于自己的社区公园。所以这个房子非常纯粹，提供休憩和饮水，同时举行各种课程和活动。中秋音乐会就是在公园的户外场地举办的。公园能够真实地呈现我们业主在小区里面的生活状态。另外，公园也成为我们最大的销售道具，当客户来看房的时候，我们都不讲沙盘，就直接来这里逛一逛，非常有效果。

问题 4：运营的费用是哪一方在负责？

答：我们运营和物业一起负责。植物养护都是物业负责维护，我们也会跟物业提要求。小区组团还有楼层在销售期，所以我们还是以维护小区和公园的品质为第一要务。

问题 5：从使用状况上，你们有什么关于设计的反馈吗？

答：从甲方的视角去看的话，一个景观项目里还是需要一些符号化的东西。当时我们还没有这个意识，现在回头看，感觉宇宙飞船装置体量够大，能承载活动和丰富内容，具有记忆点，而像那个放在草地上的虫洞装置，很多人不知道它是干什么用的。还有九大行星，我们还在开学季组织一次活动，如果把这九大行星都找到，就能得到一套文具用品。月球装置，我们不去做演示的话，他们可能不会发现里面有八音盒发声。这些设计的细节如果我们运营不去引导，很容易就会被忽略了，现在（的设计）过于含蓄了。

山水间

用公园代替早期的销售中心或示范区大概是从长沙的山水间项目开始。

这个社区公园一开始只是长沙郊区一个大型居住区中间的一小块规划绿地。楼盘的销售不好，几经转手。在这个项目之前，房地产开发的思路还是通过售楼处卖房。尝试做一个社区公园代替售楼功能，或者说与售楼处的功能相辅相成，山水间应该是在地产界的首创。这个公园得益于项目监理对施工工艺的一丝不苟、严格把关，迄今为止在张唐景观已建成的公园品质中名列前茅：水生态系统中的地下水森林，因为是正版的水生态系统公司的产品，至今都能起到净化水质的作用；波浪木板剧场，因为是越秀木，并且厂家现场施工定制，2014 年建成迄今仍然无损。由此，山水间的设计精神与核心，也在以后的张唐景观公园设计中贯穿始终。

项目以人居住在“山”“水”之间为设计概念，在尽量保留原有地形和植被的基础上，在场地植入符合社区居民日常生活需求的各类活动空间，创造人与自然互动的居住环境。收集场地中的雨水，通过净化和汇集，形成了一个约 1400 平方米的人工湖体，成为公园的重要景观元素。雨水系统的成功利用不但给公园增加了丰富的景观体验，而且将环境教育融入居民的日常生活。*（湖南长沙 | 2015 年建成 | 1.4 公顷）*

摄影师第一次去现场时拍摄的使用状态

上图："老"了的山水间；下图：已建成五年的户外木剧场

用钢网编制的家具和大蚂蚁互动装置

回访者：陈逸帆 曾经在甲方（里城）协助山水间的景观工程管理，毕业后在张唐景观就职。

回访时间：2015 年 3 月、2016 年 5 月、2017 年 2 月、2017 年 4 月、2018 年 8 月、2020 年 10 月

2022 年 2 月，山水间的植物在冬天略显萧瑟

多次回访山水间，看着它慢慢从一个为售楼营销而生的景观点到真正意义上社区公园的演化过程，欣喜的是它始终充满活力，没有被过度消费，也没有出现从被众人追捧到彻底遗弃的大起大落。当时建设过程中对材料的把控（越秀木、石材、透水混凝土、塑胶地垫），品质工艺的坚持（石材离缝、对缝、锈钢板干挂、杂色板岩侧墙），再加上建成后的轻干预维护，使山水间真正成为一个可持续的公园。

里城的甲方说，他们基本没怎么维护，就每年剪剪草，按之前水下森林维护的经验（水生态单位提供了两年的维护）清清水草，艺术装置和滑梯这些很耐用。

使用“地下水森林”营造的生态系统帮助水体保持干净

2015 年 3 月 初春

2015 年春节前，面层的石材铺装、园建基本已经完工，年后就只要完成收尾工作和种植就可全部结束。这次回来发现前场的台阶区满目疮痍。长沙三月的连绵降雨使得前场部分的回填区沉降严重，我们花了很大的代价（洛阳铲等地基加固方式）把基础重新加固，再重新把面层石材铺上。

幸运的是，沉降是在公园开放之前发生的，仍然可以通过各种工程手段重新修复。这提醒我们，看不见的隐性工程质量是作为一个可持续项目的首要条件之一。

冬天的瓢虫装置略显寂寞

经历了风吹雨打的儿童活动区

2016年5月春

公园正式开放后一年，此时的山水间是呈现设计效果最好的时节，我于一个阳光不错的午后来到场地。

山水间公园距中航城国际社区入口仅200多米，虽然后期交由政府维护，但却是一个社区公园，游客基本都是中航城的居民。甲方在公园外设置了1.2米宽的橙色跑道，入口处增加了自行车的租赁点。看得出公园现在应该是社区内居民游玩很重要的一个目的地了。

可能现在并不是处于一个密集的营销周期，公园内的人不多，社区农场刚刚修完，两三个工人正在做一些整理，湖面上工人划着船在清理水草，“木桩迷宫”上几个中年男子躺在躺网上玩着手机，只有一个小孩在家长的看护下玩着滑梯，好一幅初夏悠闲的景象，连工人也不禁在公园里散漫地打个盹，自在。

左图：昔日的山水间，办公室集体去团建；右图：居民的山水间

公园里面增加了有机农庄作为社区的活动中心

公园的入口增加了自行车停靠点

2017年2月冬、2017年5月春

春节过年回家，迫不及待地又跑去了山水间。

长沙的冬天，自然是阴雨、潮湿。凛冽的寒风中，估计公园里大概只有我一个游客。沿着湖面、草坪、“蚂蚁雕塑”的轴线望去，山林后的背景又多了许多塔吊，新的一轮开发开始了。山水间在当时的规划中，保留了一部分的次生林，红线以外，皆是楼房。虽然早已在图纸上看过，但是当塔吊高耸起，对视觉的冲击，还是难以接受。同年五一节，又去了一次，看房的好时节，公园里明显人气更旺了。

2018年8月夏

公园已经修好三年了，居民早已对山水间习以为常。傍晚仍然是最热闹的时间，小朋友在湖边捞蝌蚪、在草坡上奔跑、在活动区嬉戏，除了看护的家长，成年人更喜欢在修好的社区农场（现已改造为社区图书馆、咖啡厅）喝咖啡、看书。

最大的变化来源于空间感，植物的生长和周边洋房、高层的修建，使人们身处场地中时有空间狭窄的感觉。但对于居民来说，能够坐在越来越大的树荫下休息就很好了。

2020年10月秋

第一次在秋天回访山水间。在秋高气爽的时节里，空间也显得更加开阔。与公园毗邻的周边社区已经开发成熟，不少人已经入住洋房，开窗就可以看到公园。公园后山之前预留的路径可以直接连接社区。

经过几次回访，感受到公园的植物群落已经慢慢稳定，也不会觉得周边的高楼突兀，反而觉得在城市中拥有此片绿地实属可贵，住宅、居民与公园不管是在空间上还是生活上，通过时间彼此相互渗透、融合。在这个场地里会感受到浓浓的生活场景与气息，“公园生活”变成大家的日常——推窗可见，顺路可达，人与自然在城市高密度居住环境中融为一体。

在甲方轻运维的条件下，公园按照自己的节奏“缓慢生长”。可以再次肯定当时在修建之初，选择了优质的材料，控制好了各种施工工艺，现场细节，为公园的可持续使用打下了坚实的基础。

2014 年山水间之初，设计师在现场

受访者：曾庆华 曾经是长沙里城设计部的助理经理，当时负责山水间的景观工程管理。

采访时间：2022 年 8 月 22 日 星期一 阴

问题 1：山水间作为国内较早由地产开发商打造的社区公园案例，当时决策的起因是什么？

答：起因主要有两个原因，一个是被动的，另一个是主动的。

整个中航城项目当初分为五期。其中的一、二期已经建成，三、四、五期没建。对于建筑面积有 100 多万平方米的这样一个项目，从控制性详细规划（控规）来讲，本身就有城市绿地的硬性要求。当初这个规划是有逻辑的，山水间的场地最初是一个低洼点。旁边的山都往里面汇水，所以它原先这里有一个鱼塘，有一户人家，因此我们希望把场地保留成绿地。这是被动原因。

主动原因是在 2014 年前，我们小打小闹地做过一些政府的代建，比如说一公顷这样一些小公园，经验得到了积累；2014 年我们离开长沙万科、加入里城团队，发现真正能吸引人气的或者能长久的，还是公共开发空间这类场所。综合来说，是天时、地利、人和——加入了新的团队，酝酿了新的思维，又出现了这么一个契机，推动去做这个公园。

问题 2：山水间的用地性质是居住用地还是城市绿地？

答：是代建绿地，但是在我们红线内。

问题 3：在双方交流设计的过程中，甲方是否有考虑到未来运营和维护，并且反馈到设计上。如果有，能否具体说说？

答：其实这个是有的。我们那个时候考虑过近期和远期的。近期的，先得说下整个项目的业态。作为开发商来讲，跟政府的项目不一样，因为需要考虑我的客户是谁？什么样的素质或什么样的客群？所以整个三期，既有洋房又有高层，俗称“高加低”，并非一个纯粹的刚需楼盘，也不是一个纯粹的改善楼盘。我们调研发现，刚需和改善楼盘的业主最看重的是小朋友的成长和教育。比如小朋友有没有玩耍的地方，小孩受教育的方便程度和配套资源。

在我们这一期公园，营销中心对面的商业街有一家教育培训中心。老板来自台湾，他是认可自然主义教育主题这套理念的。正好我们有这么一个场地，就跟他探讨能不能合作成为一个基地。有室内的教育，也有室外的教育。最终促使我们设想公园里有个蔬果小基地，俗称“菜山”，教培的老师会对学生做一些自然教育，比如去认植被和种蔬菜。

从远期来讲，我们希望这个公园能成为业主的一个交互发生器。如今一个社区邻里之间大多数都不认识，如果这个公共空间能促进他们发生一些联系，从而提高房地产商所说的“客户满意度”，这是很重要的。

问题 4：在建成后，哪些场地最受居民喜爱，活动较多？公园里举行过什么类型社区活动？

答：最受欢迎的肯定是儿童活动场地，而且滑梯很火爆，但是北侧的攀爬墙人数较少，估计是被滑梯吸引了。另外一个比较有意思的现象是：山水间被几期的建筑包围住，从外面来到这个公园没有那么方便，而我们这个项目居住区北侧安置小区的家长也会带着小朋友专程绕很远的路来到山水间玩耍。所以，我们那时候其实挺高兴的，觉得这个公园实现了我们所讲的“公共和公平”，不管是什么群体，都能在这个自然公园里面受益。

社区活动有之前提到的自然教育，“菜山”基地里面有园艺插花，然后到了后面主要是阅读图书。说实话当时的活动不成系统，不像现在大家做得比较成熟，一个月有具体的计划活动表，当时还没到那个程度。

也有老师带着小孩开展的自然教育，这些活动大部分是围绕着房地产的开发来做的，比如说要开盘了，要交付了，为了提高客户满意度，会组织一些社区开放日的事件活动。

问题5：在建成后，山水间的运维由谁负责？中间负责方是否发生转变？

答：随着楼盘开发的进度不一样，运营的载体和内容是在发生变化的。“山水间”场地是代建绿地，在主要售楼期间，即2014—2020年，是房地产开发商负责运维的，在2020—2022年是第三方运营方负责，再到后面就会交还给政府。在开发商管理阶段，公园是分时间段开放的，并且会受天气的影响。后来就完全开放了。

问题6：运维的过程中，产生较大的费用是哪些方面？这些费用是哪一方出钱？是业主还是居民的管理费？

答：运维费用这方面也是分两个阶段。2014—2020年是主要售楼期，运维费用由房地产开发商和物业共同承担。业主会交物业管理费，而开发商在营销期间也会拨一部分钱去维持公园的日常运作。主销期过完之后，运维的费用就来自于物业管理费了。

运维产生的费用，跟南京汤山矿坑公园那种还不太一样，最主要还是日常的保洁和绿化养护两大块。所以，人员聘请占了最大的费用，运维费用平均一年要16万元左右。公园内的器械，像“蚂蚁雕塑”，维护几乎没有，像“瓢虫八音盒”过了维保期之后也没人修了，反正体量还在那，不影响使用。

问题7：公园现状有哪些是运维得不是太好的，有哪些运维良好？

答：水下森林这块的效果其实做得比较好，原本的湖体是池塘，本身的保水状况不差，在当初设计中基本保留湖体的轮廓，现状没有被破坏。湖体的水源来自三个地方：周边山体的径流，公园硬质铺装的表面径流，还有就是周边建筑的屋顶雨水收集，这是设计特意做的。所以水源不成问题，我们也没有去补充水。

在水下森林维护方面，主销期间为了效果，跟我们合作的养护一周来一次割草，打捞，清理。后面就一个月来一次，或者一个季度来一次。基本上来的频率会越来越低，这跟维保期有关，也跟水下森林逐渐稳定有关。

其实公园运维的植物保养做得不太到位，不只这个公园，其实国内的项目，特别是地产，都会碰到这个问题。我们也想用什么方法可以解决，就是把钱从哪来这个事情想清楚，比如从当初建造总包费用里面先扣一部分出来，其实几万块钱左右就能解决这些问题。

问题8：一开始的策划是有生态农场（“菜山”），与蔬果机构合作为社区提供蔬果，但后期转变咖啡厅；中间的过程发生什么，甲方如何考虑的？

答：“菜山”是用竹钢做的一个社区中心，因为我们西面有一个山，东面有一个山，正好山和山之间，缺了一个东西能继续把山脉“联系起来”，所以做了一个俗名“菜山”的建筑。这个基地跟我们的业态有关。居住区别墅有很大的院子，包括后面在设计高层的时候，张工也构想了一些屋顶的农场。我们希望在社群里去倡导“社区园艺”的一个概念，“菜山”便作为了一个发酵器。

我们在里面做了类似温室的空间，培养种子发芽，再把苗拿到户外种植槽里培养。建筑里有大长桌，还有绿化墙，放了一些关于跟园艺有关的书。我们跟业主说这里面是倡导社区农业的，包括你以后住进来，有这么大院子，不知道怎么做的时候，我们可以告诉你怎么做。不知道去哪买工具，我们也可以提供给你一些园艺工具。这就是“菜山”的由来。

有了这个之后，我们说能不能在这个理念上再提升为“有机”，就是有机农场。所以就跟一个在长沙做得还不错的有机蔬菜农场合作，他们定期会来给我们做育种，做日常的运维，顺便开办一些活动。这个活动是互利的，它也在社区里做了广告。以这个方式建立起蔬果的合作。

后面“菜山”转回咖啡厅和小型图书馆也是因为客户的转变，别墅、洋房都卖完了，后面全是高层这样的业态了。以年轻的客群为主，对于咖啡和书，会更有兴趣些。图书馆也会有活动，比如“一个月推荐一本书”活动、阅读分享会、倡导新的生活方式等。整体来说，有机蔬菜合作的时间是2014—2017年，2017年后就转成咖啡厅和图书馆了，这时候运营方已经从原先的地产加物业变成了很纯粹的物业了。

问题9：可否根据你的长期观察和经验，对社区公园后期自主运营以及可持续发展提点建议？“山水间”公园因为被社区建筑包围，虽然对公众开放，却因为地理位置隐蔽而将人流量维持在适当的程度；对比其他我们设计的很多开放公园，一旦成为“网红”，访客人数和运营难度就会超过当初设计的预想，造成公园的质量下降，体验感不好，运营成本提高。你认为“山水间”在定位、设计和后期运维方面有什么可以借鉴的吗？

答：我聊一个思路，就是原先在长沙“金地三千府”项目想实现的思路，因为后来我离开了，不知道有没有落实。简单总结就是策划和定位先行，然后设计和建造。比如还是拿房地产讲，预测你的客群是什么群体，可能会用这个场地来干什么，然后物业怎么去运维等一系列，这叫前期的策划先行。

在长沙三千府项目公园里面，做了一个“每个人心中都有一个秘密花园”的主题活动。这个策划就是“秘密花园”。当然，跟我们的运营有关。也跟我们的别墅业态有关。在初步策划时勾画一条轮廓线，构想这个公园里面的社区活动房以后大概会用来干什么？而不像山水间，觉得这里有个“菜山”就去做个“菜山”，并没有想它以后会有什么运营内容，或者运营主体是什么。有了这个后，跟设计方去讨论和共创，哪些是适合我们这个场地的，然后开始做设计，进行下一步的空间设计。

到甲方建造后期的运维，最根本还是人，人的成本其实产生了运维的成本。这里可以提到两个模式来实现后期运维。第一种模式是找专业的运维咨询团队来帮你去运营，前期因为开发商资金充裕，可以签咨询合同。第二种模式是在时间顺序上关注四个群体，第一个群体是我们自己的甲方，清楚这个公园要做什么；第二个群体是营销，营销会跟业主和客户去宣传和推广关于运维的事情，从买房一开始就开始灌输日后这个地产社区如何运维，你可以如何参与其中（这比较适用于地产项目。如果是一个市政公园的话，那

山水间一角

运营的主体还是专业的运营公司。）；第三个群体是志愿者，当初在三千府的时候，我甚至让他们创建志愿者的公众号。有大量湖南大学、中南大学的学生有实习的需求，而且志愿者的成本可控，有时候会很专业又很有热情；最后一个群体是业主，这个最典型的案例就是成都麓湖的业主自治，他们成立业主委员会，对运维有很大的推动。

我们怎么培养这几个群体去实现运维呢？举例三千府的秘密花园，2000 平方米的花境，第一个群体甲方让专业的团队来培训第二、三、四群体，做交流。最终我们设想，运维秘密花园是那些有热情的业主，对园艺感兴趣，从我们被动花钱去打理，慢慢变成他们主动去维护。

这个事情说着简单，实践起来却很困难。这些社区公园运维一般呈现一个波动曲线变化，第一个高点先是甲方打造出来，热度随着时间慢慢下降，这时处于过渡阶段，由志愿者和业主参与，因为志愿者人员的不定性，渐渐达到一个低点；后面业主自治的效果慢慢体现出来，热度又会慢慢上升，最后逐渐稳定。对于网红的开放性社区公园，其实管控和开发才是主要问题，同时也可以追溯到运维上。如果有真正的运营方，这些问题都可以迎刃而解。

无动力设施

张唐景观参与设计的公园里，大部分都有无动力儿童活动设施。无动力的游乐设施，顾名思义，就是与“有动力”相对而言——不需要电力或者任何能源驱动，在可持续发展方面占很大优势：

首先是节能。如果在谷歌输入“迪士尼运营每天花多少钱？”（How much does it cost Disney to run Disneyland per day？），在一个叫“酷拉”（Quora）的网站上可以找到答案，姑且作为参考：每天 1.14 千万美元——以加利福尼亚冒险（California Adventure）和迪士尼中心（Downtown Disney）为例。除去人工等成本，我相信其中的一大部分是能源；相比之下，爬网、滑梯、秋千等无动力的活动，需要的只是参与者个人能量的驱动，耗能少，对环境的影响小。

其次是主动娱乐和被动娱乐的区别。无动力设施，比如秋千、滑梯，玩法就很多，不同年龄、不同心情、不同时段，小朋友可以创造出各种玩法，玩的过程中也会有更多人之间的互动；而无论是飞天轮车，还是旋转木马，人是被动安置在设备里，没有选择如何活动的权力。主动娱乐和被动娱乐会导致不一样的使用频率，一个无动力的活动场地，可以每天去玩，从早到晚玩都不腻；反之，大型游乐场每年去几次应该算是高频率了（当然这里面也有场地大、数量少、不易到达等因素），毕竟日常活动中对极端刺激的需求有限，毕竟，游乐场地的设计是为了符合儿童游戏的需求，而不是让儿童去适应游戏设施。[1]

最后就是可塑性。因为没有大型设备及动力的需求，无动力的活动场地可塑性强，比较容易与不同的场地条件结合，可以根据坡地、水体、林地等不同条件量身制作。从最初的无动力活动器械出现到现在，一个多世纪以来这个概念之所以经久不衰，就是它的形态可以千变万化，随场地的不同、概念的多样而创造出各种有趣的活动器械。被植入自然山水中时，孩子们就可以在和自然更加贴近的地方玩耍，这些条件都是完全人造环境的游乐场无法比拟的。

维基百科上讲，19 世纪的时候，有些儿童成长方面的心理学家提出可以利用活动场地帮助儿童建立成长过程中需要的公平、礼貌等品质。随后，德国开始在学校里修建一些活动场地。直到 1859 年，英国的曼彻斯特在一个公园里建立了第一个面向公众的、有针对性的活动场地。相关的专业人士认为，一个令人兴奋的、可参与的、充满挑战的户外活动场地在儿童的成长过程中极为重要，在这些玩耍过程中培养的一些技巧或者社交技能可以让人受益终身。比如，小孩可以通过掌握平衡、攀爬、荡秋千等技能的过程获得极大的自信；很多活动都同时有益于体脑健康发展。

从发展前景看，儿童户外活动场地的需求量很大，不仅有大量的需求，在设计上、产品上、规范上、管理上还有很多空白。现代社会中，大众对健康与运动的认识与过去有所不同，具体体现在运动不再只是部分人的专业，而是所有人增进健康的手段与途径，同时运动的形式也不断推陈出新、更加多样化，人们对户外活动的需求已经无法在传统公园中得到满足。

在相关的法律法规方面，无动力类游乐产品在中华人民共和国国务院令第 373 号《特种设备安全监察条例》第八十八条定义的“大型游乐设施”之外的，不适用于 GB 6675–2003《国家玩具安全技术规范》规定的产品（2014 年新颁布了 GB 6675–2014 修订版《玩具安全》）。中国颁布的中国无动力游乐设施的国家标准 GB/T 27689–2011《无动力类游乐设施儿童滑梯》和 GB/T 28711–2012《无动力类游乐设施秋千》，属于推荐性国家标准，并不是强制性的执行和检测标准。[2] 如果设计过程中无据可依，就会造成市场混乱以及使用中的安全隐患。完善相关法规，不仅可以减少安全隐患，还可以避免越来越多的公共活动设施的游乐性无限制被降到最低甚至取消。事实上，当游戏变得没有挑战和危险的时候，其趣味性也随之降低，特别是对稍大一点的儿童更加失去了吸引力。英国在 2008 年的一份官方文件《维护安全：政府的防护策略》中承认了“用棉花裹着儿童”或者把风险降到尽可能小，对儿童游戏的可能性、适龄的探索、自由的接触世界等产生负面影响。[1] 对于人的一生来讲，冒险管理（risk management）是一项极为重要的让人受益终身的技巧。2002 年发表的一篇名为《管理游戏规定中的风险》的文章中提出应通过管理来降低游乐设施的风险，而不是消除或者根除风险。[1] 冒险（risk）是在充分认识危险（danger）以后采取的行动，如果从来不尝试，就很难了解危险的程度以及自己规避危险的能力，而长期形成的对危险的恐惧让人不敢冒险，最终丧失对未知事物探索的勇气。

我们在公园回访过程中看到，儿童活动场地中总是人满为患。原因是这样好玩的地方确实太少了，但是仔细观察会发现，也是场地上的成人比例太高了。有些家长对孩子亦步亦趋、贴身保护，是因为不相信小孩有保护自己的能力，或者面对危险不能做出正确的选择；有些家长则对陌生人有戒备，特别是戒备那些没带孩子来，却自己在儿童活动场地转悠的成年人；有些活动设施总是被关闭，不知是否因为管理部门担心活动设施存在安全问题。以上这些情况都阻碍了我们为孩子创建和维持丰富的游戏场所。对此，北欧一些国家和日本的做法值得借鉴。比如阿姆斯特丹的梅尔（Meer）公园，连接小溪的吊桥没有防护栏杆，水道边也不设置围栏。可能荷兰人深埋心底的信念是“父母必须确保孩子有基本的生存技能”，比如家长要确保孩子在 4 岁时就学会游泳，孩子需要知道如何在水中自救。同时，为以防万一，河道边备有原木，以便落水者自救。[1]

游戏场地折射的是地方文化。有研究认为，英语国家尤其是美国和澳大利亚更加注重个人主义，注重自我保护，不但愿意个人承担风险，而且还造成社会上普遍的安全意识甚至超出了合理范围，比如小孩在活动场地发生的磕磕碰碰带来的频繁的法律诉讼、高额罚款，其结果是使儿童游戏活动设计偏向保守。因此，许多顶级的游乐场地多出现在北欧、日本这些集体主义具有更深厚社会基础的地方。在互相信任的氛围里，父母鼓励孩子自力更生。在日本东京，学生从一年级开始就要独自上学，即使要穿过街道、乘坐地铁和公交。[1] 我国曾经的独生子女政策可能是造成父母对小孩过度保护的原因之一。另外，年轻父母需要工作，社会却缺乏足够的、有保障的看护机构。在这种情况下，家中老人帮忙带小孩的跨代看护也会造成对小孩的过分保护。当然，现代社会里逐渐形成的监督机制让大众的维权意识越来越强，但还没有细分哪些“权”是应该维护的、哪些问题是个人应该承担的，我们也经常听闻公园、游戏场所频繁被投诉的案例。目前，很多城市（深圳、上海等）都在倡导“儿童友好”，对此，一个安全、互信的公共社会环境是首要前提。需要从过去只能建立在“熟人社会”基础上的公共关系转变，通过建立在契约精神和公平的基础上，逐渐形成“生人社会”中人与人和平相处的方式。比如在儿童活动场地中，“轮流”“分享”“排队”是在陌生人之间建立公平秩序的最佳方式。

在短时间内，我们景观设计师无法要求家长改变想法，或者管理部门改变管理方式，我们要关注自己可以做什么。比如通过精细化的空间布局，将看护与游戏空间有效结合（有时甚至专门为成年人提供游戏场所，比如在儿童秋千旁边设计让成人玩耍的秋千），让看护人舒适放松，小孩才能尽情玩耍。我们看到一些细节，比如有些成人会不顾设施使用提示和说明，执意使用给儿童设计的滑梯，导致设施使用拥挤、设备（如护栏）损坏或者自己受伤，比如在现场观察中发现，有一位父亲怕暴晒在太阳下的滑梯太烫，要抱着女儿滑滑梯；有一位家长是怕小孩上楼梯时摔跤，跟着小孩上到滑梯顶，只能自己滑下来；还有一位年长的妇女在仅限 3~14 岁儿童使用的滑梯上摔伤了腰……诸如此类情况让我们在后来的设计中特别注意滑梯场所的防晒，除了材料、朝向的改善，在不得已的情况下可以利用大树穿插在滑道之间，从而达到遮阴的效果（同时需要兼顾树的枝干和滑道之间的安全距离）；布置一条通道给跟随小孩登上滑梯平台的成人使用；限定使用年龄的同时，在设计上提高安全标准，保证潜在的不同使用群体的安全；等等。

河源春沐源的龙骨乐园中，小朋友在龙骨构架内部探索

- 访谈：公园儿童活动设施与后期运维

在这些公园里，张唐艺术工作室承建了其中大部分的儿童活动设施，并对其修建、安装、维护等一系列工作的细节非常了解。以下是对艺术工作室负责人刘洪超、策划负责人孙川的访谈。

受访者：刘洪超

采访时间：2022 年 8 月 20 日

问题 1：建成的公园里一般哪些类型的装置最受欢迎？

答：滑梯、秋千属于常规设施里面比较受欢迎的，木质攀爬类和大蹦床也比较受欢迎。可玩性和参与性更高的其实是沙坑和浅水区（水面较大），戏水设施玩得频率和时长都不大，而且损坏率较高。

问题 2：公园里一般哪些类型的装置最容易破损？维修的周期和频率一般是多久？

答：最容易出问题的是电子互动类的产品以及带活动端子的，比如戏水设施、秋千等，木材和塑胶由于本身材质的局限性，使用寿命长短不一，好的木材可以用十年，差的木材一两年就会出现问题。

在维修频率方面，日常巡检由运营方负责，根据使用人数的多少而定，一般一周或一个月巡检一次，供货方会半年做一次现场检修保养。收费运营的大型游乐场，一般要求在五一、六一、十一等大型节假日前进行一次全面的检修保养。

问题 3：综合来说，哪几个公园的装置和器械方面维修做得比较好？原因是什么？一般出资维修的是谁？

答：从近几年的项目综合来看，成都麓湖的云朵乐园是后期运营维护最好的，其次是阿那亚儿童农庄。原因是两个项目都是以增加整体社区的丰富度来考虑的，并不直接考虑投入产出比，是代表甲方品牌形象和价值理念的特色产品。维修只是项目后期的少部分投入，最大的投入在于日常的管理和维护。质保期内的装置都由装置厂家统一负责维修保养，质保期外有的甲方会选择签延保协议来保证设施设备的正常使用，比如南京汤山矿坑公园。

问题 4：城市居住区里的公园和旅游地产开发中的公园在后期运营和维护上有什么区别？差异是什么？呈现出来的实际效果有什么不一样？

答：第一种公园一般要求做低维护的设施设备，好玩有趣的同时还要经久耐用，平时管理基本靠物业。社区内部的公园后期总体的维护效果要比公共绿地代建的公园好得多，代建公园好的情况是在售楼期间有高频维护，售楼季一过就基本达到了半荒废的程度。

第二种公园是偏重运营的，公园本身就是项目的一大特色，公园就是整个项目的展示空间。收费运营的公园，更加凸显了这一点。一方面保养维护的频次高，另一方面也会根据实际需求适时地增加迭代更新的产品。依托公园自身条件，举行各种活动，是一种有机成长的健康状态。

①
②
③
④
⑤
⑥
⑦

受访者：孙川

采访时间：2022 年 8 月 22 日

问题 1：公园后期运营和维护涉及哪几个层面？运营的成本和难点有哪些？如支出在什么方面，收入在什么方面？

答：首先“运营”和“维护”是两个不同的概念，运营更为抽象。在一定的运营合作模式前提下的组织计划、实施、把控，都属于运营的范畴，是一个偏综合的，强调长效思考的系统层面。后期维护更多指的还是对项目本体的管理及维修养护，将公园维以护之。细分的话有综合维护管理、建筑维护、硬质维护、园林苗木养护、水体维护、装置设施维护、隐蔽工程维护等作业范畴。

运营模式和策略合理与否，往往直接影响维护层面的开支、效率及维护力度，而维护的标准及力度往往又会影响大的运营品质。简单来讲，好比日常我们买到一款电脑，产品本体的日常保养、桌面及内存垃圾定期清理等类似于我们项目中的场地维护，而如何利用电脑、用电脑做什么事情，内存功能分盘或操作是否合理，只是日常上网还是可以通过电脑开发技能，甚至开展业务获得报酬来给电脑软硬件持续升级，或者筹划着需要更换更好的电脑产品以提高生产力来继续创造更大的价值，这属于运营的层面。

运营成本大类来分可以分为团队管理成本、人力成本、场地安全管理与维护成本。根据不同的公园属性有的还涉及不同比重的品牌推广、营销、活动经费等成本支出项，每个项目的前置条件及场地需求不同，成本及难点也各有差异。

总的来说，资金的来源问题能否解决，以及一个优质的运维团队能否结合每个项目的不同情况制定合适的运维策略与思路，往往是一个公园运营成功与否的关键。

问题 2：城市居住区里的公园和旅游地产开发中的公园运营思路和策略有什么区别？负责运营的单位有什么区别？

答：二者的功能属性和战略定位不同，对运营的投入力度也不同，我们可以根据其关注的客群，将其定义为向内型的和向外型。居住区里的公园大多由甲方的物业团队代管，也有如麓湖这类成熟度较高的优质社区聚集体，会成立公园管理处协作管理，因为其主要服务于社区及其周边居民。工作重点除了满足园区日常安全管理和基本场地维护外，居民将公园作为日常行为载体，对生活方式的关注与倡导，也对公园运营团队提出了新的需求。

比如社区自发性活动，麓湖和阿那亚都是很好的范例，我们之前有一次跟杭州杨柳郡的业主聊天，他们就提到希望可以自发成立小社团，将其中一小块地开发成菜园体验区，做有机试验田（公益体验），甚至想过与同济大学刘悦来老师的“四叶草堂”合作，这类想法在社区公园的开展相对比较好。

旅游地产开发的公园主要服务于不同级别辐射圈的游客，或者是在此拥有第二居所的附近城市的居民，所以对运营层面的挑战、运维团队的专业性提出了更高要求，对接的第三方服务资源范畴也不同，比如与旅游紧密相关的线上旅行社系统（OTA），携程网、去哪儿网等。城市居住区里的公园满足的是居住体验，希望提供的服务可以满足居民的需求，让他们对场地产生亲切感、归属感。旅游地产公园要兼顾游客体验，会以细致的运维服务标准等举措使游客产生复游的想法，从而达到品牌宣传的效果。

问题 3：“麓湖云朵乐园”和合肥智慧中央公园如今运营状态如何？根据之前的反馈，云朵乐园运维效果不错，你觉得原因是什么？

答：我们会对项目有不定期回访，不同公园的运维状况不同，现如今的面貌也不同。有些项目因为种种原因放弃了维护，比如因难以按时移交，开发商不得不长期代管，或者运维管理模式粗放，难以负担成本，等等。云朵乐园这类一直走良性运维的路线，如今五年过去了，现场的状态依旧很好，甚至因为小的生态群落已形成而呈现出某种更迷人的状态。

麓湖的甲方团队自身有非常专业的维护团队，云朵乐园采取了预约限流。物业团队与公园管理处两个部门协作管理，人员配置灵活，每年的运营资金在其可控范围之内。另外是对公园维护细节的持续关注。我一直觉得心理学中常谈到的“破窗效应”（Broken Windows Theory），也适用在公园运维当中：如果细水长流般持续地对园区做好维护输出，园区的使用寿命和呈现的品质几乎不太需要担心。倘若一开始就粗放式管理，后面忽然想整改一下，好好运营，越往后面，大概率上越是不好实现的。

问题 4：关于南京汤山矿坑公园、河源春沐源龙骨乐园、秦皇岛阿那亚儿童农庄、安吉鲸奇谷等运营维护情况，你在后面联系得比较多。他们作为旅游度假的一部分，宣传上又会有什么策略和特色？

答：这类公园每年品牌推广及营销方面的资金投入占比还是较高的，不同类型的公司，其推广营销经费也因自身实力和品牌悬殊有所不同。首先这些运营管理公司大都会有自己的品牌推广专员或团队，其宣传策略和特色主要还是依赖于自身团队特色，但同时很重要的一点是，他们会借势于与其紧密关联的渠道资源，或政府支持，或自带IP品牌属性，或与第三方资源合作（包含品牌团队赋能或邀请自带流量明星设计师等）。

问题 5：为旅游地产开发的公园是否收支平衡？哪个较好？哪个较差？原因是什么？

答：排除一些非人为的不可控因素，通过前期专业的策划分析给项目找对了定位及落地举措，是可以达到收支平衡的，甚至有盈余，可以为项目后续运营进入更迭期储备专项资金。南京汤山矿坑公园项目，第一年就做到了以小园养大园，通过8500平方米的矿野拾趣乐园20万人流量的营收，基本覆盖掉当年周边40公顷的矿坑公园的运维成本。做到了持续为汤山片区的品牌赋能，同时持续以更好的状态满足游客的需求。

但同时也有许多项目未实现收支平衡，需要专项资金注入。不过这里需要做个区分，一类是确实因为新冠疫情、市场、定位、执行等不同层面出了问题，确实在运营阶段未达到预期值。还有一类则是从一开始就未把营收作为公园价值评判的首要考核项，虽然这类项目没有追求极致的运营服务，但不否认它在某个时间段或某个区域已经完成了预先设定的功能定位和价值。

龙骨乐园

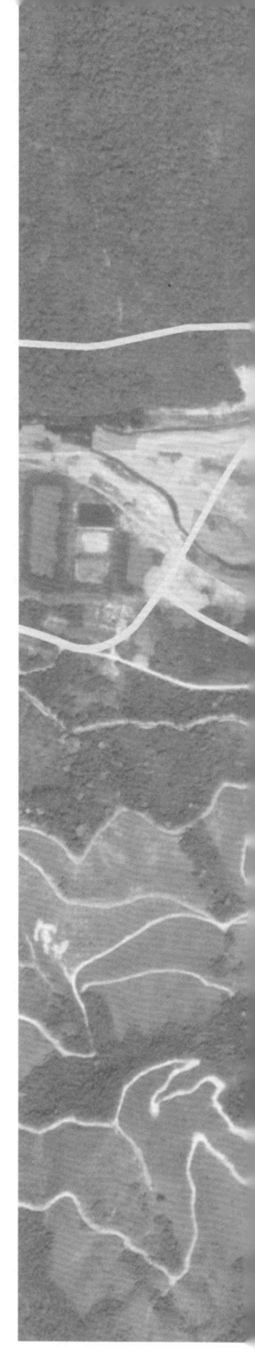

春沐源最高山峰下的恐龙头骨造型装置

龙骨乐园是位于广东省河源市的春沐源生态小镇内的一个儿童乐园。场地毗邻一类水源水库的流域，周边青山绿水，自然条件优渥，远古时期为恐龙的繁育地。项目以“水”和“恐龙”作为设计概念，将现场山涧湖岸各类水的形态重塑成景观场地内的戏水空间，从自然环境中引入水流，让体验者在“溪”“瀑”“湖”“涧”“泽”“雾”“雨”中尽情体验戏水活动的丰富多样。此外，设计在场地内置入两个恐龙造型的综合类游乐设施，以不同体块的垒搭做骨架，以白色冲孔板为表皮，将各类无动力游戏活动分布在艺术骨架内，给孩子们带来攀爬跳跃的快乐体验。

（广东河源 | 2020 年建成 | 2.5 公顷）

上图：龙骨装置的设计手法来自《我的世界》（*Minecraft*，青少年中流行的一个电子游戏）；

下图：在恐龙的骨架里爬上爬下、穿进穿出；

右图：骨架内部是穿插交错的、不同密度和柔软度的网

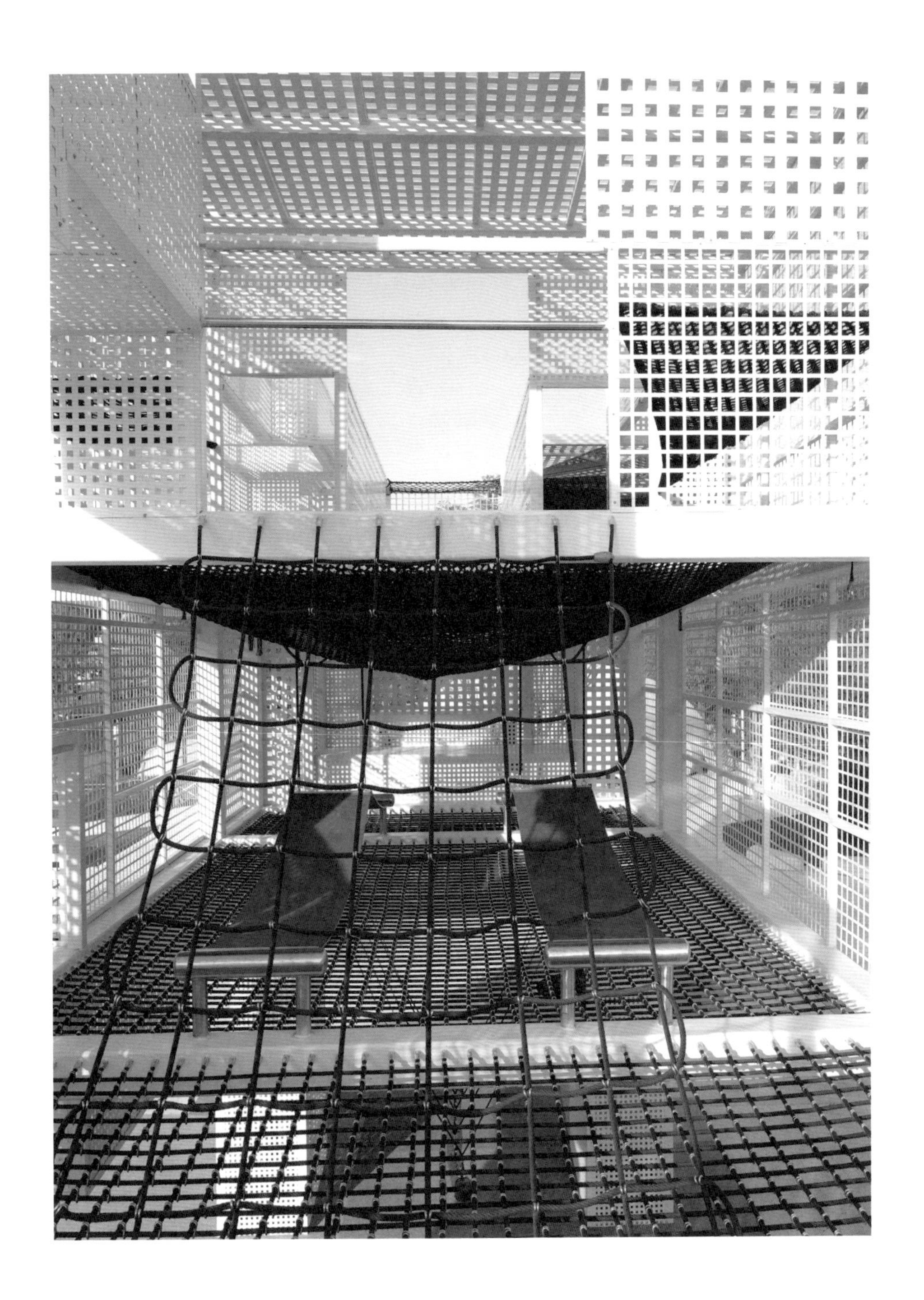

在炎热的夏季里，户外活动需要很多的遮阴树

在恐龙走过后留下的划痕中玩水

左图：在恐龙的骨架里爬上爬下、穿进穿出；右图：位于南方光感强烈的场地，地面材料和色彩选用水磨石搭配不同灰度

受访者：周斌 春沐源副总经理

采访时间：2022年11月6日 星期日 晴

问题1：乐园作为春沐源小镇建设的首发项目之一，你们是怎么定位的？对它的期望是什么？

答：春沐源小镇的定位目标是打造山谷自然美学艺术小镇，粤港澳大湾区的后花园，是针对湾区中高产人群的“一个人的精神湾区”。

基于高知人群对于孩子教育的重视，我们联袂张唐景观打造龙骨乐园，给孩子一个体会自然与文化互融的欢乐场所，一个释放天性、拥抱自然的趣味乐园，给孩子留下童年美好的记忆。

问题2：龙骨乐园的用地性质是什么？使用上有什么限制？

答：商业用地性质，可用于经营、服务等。

问题3：在设计的阶段中，你们考虑后期运营了吗？根据运营需求对设计提出过什么要求？

答：正是基于后续运营考虑，我们深入考察了大湾区都市中儿童的成长环境现状。城市里属于孩子的空间少之又少。千篇一律的所谓“儿童娱乐设施”更不能满足孩子们的身心发展。我们希望改变无法“享受童年”的童年，弥补孩子们对“美”的感知缺失。

作为全球挖掘出最多恐龙蛋的古生物区——河源，充满远古的神秘，龙骨乐园的创作理念来自恐龙，无人机升上高空俯拍，发现整个乐园的形状就像恐龙的龙骨，就连连接两岸的桥梁也成为“恐龙”身体的一部分。设计师巧妙地以叠垒像素的造型模拟亿万年前恐龙时代的生态链，每个游乐项目都兼顾景观、娱乐性和象征意义，看起来就像用积木堆砌而成的天地。龙骨乐园是小朋友的户外乐园，也是大朋友寻回童趣的天地。在可探索的龙首装置、恐龙脚印戏水池，乃至骨节造型座凳中，小镇的大小朋友，都能聆听来自远古的共鸣，理解人与自然的美妙共生。

针对运营，我们对设计也提出了要求：

龙骨乐园的定位——度假亲水儿童乐园。希望能够能打造一个集生态、文化、活力、度假、一体的亲水儿童乐园。

在设计阶段，运营就提出了要打造一个融生态、文化、展示、运动、体验于一体的差异化的亲水儿童乐园。提出了“认知、教育、体验、亲情、休闲”五个关键词，以及“寓教于乐”与“亲子互动”两个关键要素。

1）基于客户属性——给孩子回归自然的机会，在自然玩乐中感知成长；让玩乐与教育融于自然；

2）基于文化属性——河源是著名的恐龙之乡，融合本土文化；

3）基于亲子相处模式属性——如孩子游玩时候，在视线范围内，设置家长休息区；

4）基于安全属性——设置无动力设施、软橡胶地面等，让孩子游玩中无安全隐患。

问题4：龙骨乐园建成后，最受欢迎的项目是什么？人气不如预期的又有哪些项目？

答：乐园建成后，最受欢迎的项目莫过于“跳跳云”，在这个内部充气的巨大异形蹦床上，孩子们可以体验腾云驾雾的感觉。

大多数项目都很受欢迎，从开园运营至今，带小孩前来的游客络绎不绝，每个项目都非常受欢迎；很多孩子玩起来流连忘返，很多项目都会玩很多次。水旋风游戏设施的效果不如预期。

问题 5：龙骨乐园是怎么开始运营的？能否简单地介绍一下运营的情况？（包括宣传、市场等方面。）

答：龙骨乐园，于 2021 年随着春沐源小镇整体园区开始运营，定位为粤港澳大湾区的后花园。龙骨乐园的目标客群，主要以大湾区中高产家庭为主，他们对孩子教育非常重视，并愿意花时间进行亲子陪伴，并提倡孩子回归自然快乐成长。随着龙骨乐园的运营，（客户）基本以深圳、广州、东莞等大湾区核心城市的家庭客户为主，游玩的小朋友以 4~12 岁为主，符合乐园客群定位。

小镇开放后，游玩客群及业主持续增多，龙骨乐园的口碑发酵，吸引更多客户前来体验；在并未进行大规模推广的前提下，通过新媒体平台的口碑传播，龙骨乐园逐渐已成为深圳乃至湾区家庭亲子游的优选之地。

问题 6：开园后游客对于设计和运营都有些什么反馈意见？

答：整体的场地及设施非常具有艺术感和设计感，反响很热烈。乐园可以游玩的项目很多，小孩子获得快乐的同时也可以获得一定程度的科普。互动类的玩水设施不仅深受小孩子的喜爱，大人也可以参与其中。很多客户来购买春沐源住宅产品的原因就是因为自己的孩子太喜欢这个乐园了。

一些游客给出了这样的评价："孩子玩了一整天都不肯走，没办法只好在小镇住了一晚。第二天又去玩了一次才舍得离开。""这是我见过最好的儿童乐园，我曾带孩子去过很多儿童乐园，都不及龙骨乐园来得惊艳。""孩子在玩耍的过程中学习到了恐龙的相关知识，从被动学习到主动学习，这是我从来没想过的。"

问题 7：乐园运营和维护一年大约的收支情况如何？你们预计未来的一些年这些数据会有什么变化？

答：目前龙骨乐园的基本营收已能覆盖园区的日常运营及维护。据不完全统计，在节假日期间每日最高可达 3000 人次；2021 年全年累计约 20 万人次。

随着小镇的呈现度越来越高，项目的设施配套也越来越完善，这必定会带动越来越多的游客。随着国家教育改革，研学旅行为园区发展提供了重要契机；而随着家庭对孩子教育意识的全面升级，寓教于乐、回归自然的教育方式备受认可；随着春沐源品牌知名度的提升，相信会有越来越多的大湾区客户前来体验，预计未来人流量及运营数据会有质的提升。

问题 8：基于龙骨乐园的运营经验，春沐源未来还有些什么相关的建设计划？

答：除了龙骨乐园，目前小镇里的业态也已经相当成熟了，在未来，我们规划有超级水厂、三角洲美术馆、湖畔酒店、山地运动中心、诗之礼堂等众多配套。

除了硬件设施外，人文精神与温情社区也是我们的计划重点。我们目前打造了人文艺术、森谷之音、山谷秘境、理想生活四条社群线。计划将来在山谷中开拓以户外探索为主题的骑行、徒步路线，让游客深度体验大自然赋予的"野、奢、美"，为其带来不一样的旅居体验。

[1] 所罗门 . 游乐的科学：促进儿童成长的活动场地设计 . 赵晶，陈智平，周啸，等译 . 北京：中国建筑工业出版社 ,2021.

[2] 《无动力类游乐产品联盟认证规则》发布 https://www.cqn.com.cn/zgzlb/content/2016-10/26/content_3523946.htm.

2017 年完工的安吉鲸奇谷强调与山野的结合，
现今慢慢与周围的野生环境融为一体

公园的未来

人类与自然的命运共同体

景观设计行业存在的意义是为了搭建人与自然之间的桥梁，处理人与自然的关系。公园的设计与建造都是人对自然的二次创造。在当今全球环境危机的大背景下，公园承载的是人类对自然的认识，对未来的探索。公园逐渐成为环境教育的最佳场地。

让人印象深刻的公园

——人的创造

世界上有些让人印象深刻的“特殊”的公园，它们地处不同的国家，因为不同的原因而与众不同。

第一个是德国北杜伊斯堡由炼铁厂改造的公园，一个距今近 30 年的项目。这个炼铁厂在 1985 年结束生产，1989 年由政府收购开发，1991 年公布开发设计的竞赛结果，经过多年的策划、设计、改造，于 1994 年正式开放。公园建成 20 多年后，它在不同的社会群体的使用下欣欣向荣。我于 2017 年造访该公园。公园在市郊，需要搭乘地铁，转乘公共汽车，到达公园边界的一块开放绿地。周边社区有“外国人”（看装束是中东地区的人）的聚集地。林下大片绿地，老老小小的“外国人”（看起来像是一个大的家族）围坐一处，男人唱歌跳舞，女人烧饭，小孩戏耍。继续向公园的核心区前行，除了游览、参观的部分（主体巨型钢架），其他的场地无一不为露营、汽车拉力赛、攀岩等活动所用：厂房有的改成博物馆、大型秀场，局部是餐饮、宣传、科普教育等服务设施；原本是储藏矿石的料仓，被德国登山协会杜伊斯堡分会改造成攀岩场所；空地上满是露营帐篷，绘画爱好者在不同角落写生，汽车拉力赛不时传来轰鸣声……一个令人震撼的工业遗址，被人重新占据，以另一种方式使用。公园在人工的混凝土、钢铁夹缝中，杂草自由地生长，人们游憩在历史的同时，审视着与自然共处的未来。这个公园以一种遗址式的倾诉方式，展示了重创后重生的自然与人类关系重组的状态。

在一个庞大的工业机械废弃地重塑人与自然的关系，并不是设计单方面的事情，而是来自整个社会、文化和习俗等方方面面的支撑

任何一个季节的暴风之王艺术中心，都有它震撼夺目的一面（虽然在雪季出于安全考虑，常常是封园状态）

第二个是美国纽约州的“暴风之王艺术中心”（Storm King Sculpture Art Center，SKSAC，或称为“风暴艺术中心”）。这个占地 500 英亩（约 200 公顷）的户外艺术中心在布满山林河流的起伏土地上散布着世界著名的艺术家、大地景观师（land art designer/landscape artist）的作品，可以称为“自然与艺术完美交融的理想世界”。因为特殊功能而不被叫作“公园”的 SKSAC，更像一个放大的户外私人艺术品的收藏地，严格意义上属于户外博物馆而不是公园，其公园的社会属性不强。虽然局部开展了一些面向儿童的户外教育课程，但人在里面的行为活动相对比较单一，作为公园案例的普适度和推广度不大。但是，如果说从文明诞生之初，人类对世界的理想状态就有一种乌托邦式的憧憬与幻想，那么，SKSAC 因为它的纯粹，因为人对自然的完美改造和恰当的介入，无论是在大雪覆盖的冬季，抑或是在色叶斑斓的秋季，都已成为都市人净化心灵的“理想国”。

雕塑家野口勇并不只是用雕塑装饰空间，他更擅长"雕塑"空间。Moere 公园是时间和时代给予他的雕刻土地的机会

第三个是日本北海道札幌市郊的莫埃来沼公园（Moere）。场地原来是垃圾填埋场，大约 189 公顷。改造历时 17 年，于 2005 年建成。整个公园像是被放大了的几何雕塑，是雕塑艺术家野口勇（Isamu Noguchi）的封笔作。巨大金字塔形的山头，整块的树林，宏大的喷泉，甚至连滑梯、秋千这样亲人尺度的设施也充满雕塑感。在大体量的几何地形之中，还有棒球场、滑雪等户外活动的介入。如果用文学作品来比喻，这个地方就像是一首气势磅礴的史诗；如果用音乐来比喻，它就像雄壮激昂的交响乐。

让人震撼的自然景观很多，比如世界上的名山大川、国家公园。以上的案例，是让人震撼的人造之物——公园，换言之，是人与自然的交合之作。在这几个公园中的游览，开阔了我生而为人，对世界的想象；拓展了在有限的生命中、有限的思想维度下的经历，这些创造物带给人特殊的体验，把我有限的人生经历和眼界展开。这算不算是公园的最高境界（sublime）？

景观是一门自然与艺术的科学。

自然，是它的本性、根源；艺术，宽泛地讲，是人类这个社会群体在精神上的终极追求。景观行业是人类改变自然、驯化自然、将自然“社会化”过程中的“副产品”。在这个过程中，我们规避自然界中的不舒适，除掉危害，驯化野性，放大美……让环境符合人类的身心需求，甚至于符合各种社会功能需求。城市公园的社会属性，如文化审美、公共习俗等，与其自然属性，如当地的气候特点、地理成因等，共同构建了它的“长相”。

景观艺术的意义，是帮助人发现自然之美。因为很多自然现象，对于人来说普通（ordinary）、不可见（invisible），有时还太野（wild）、太危险。文学艺术以给人想象的方式美化自然，景观艺术也有相似的作用。在这个创造过程中，设计师秉持的既不是自然的写实主义，也不是理想主义，而是“自然真实”（true to nature，原文翻译为“自然逼真”）[1]。“自然真实”有多重含义：真实地面对自然，真实地面对人的情感，不回避、不谄媚，并勇于挑战。

回到艺术哲学发展的早期，亚里士多德（Aristotle）将诗歌与绘画作比较，列举了它们之间的三个共性：都在仿效（imitate）自然；都有情节（plot）或者设计（design）；都运用叙事功能（narrative device）。而这里的imitate，从词源学上讲是来自希腊语的mimesis，本意更接近representing（重现），而不是copying（复制）。[2]一旦是representing，艺术的绝对性就成为疑问，工作者或生产者（worker/producer）的主观在作品中是如何介入的？介入的动机是什么？内容是什么（知识、训练、情绪、信仰）？其美学价值的来源在哪里？是历史的还是文化的？最终产生的作品的美学价值在哪里？而这些美学价值是作者的还是观众的（worker or viewer）？

有了生产者的主观介入，作品不再是“完全真实”(real truth)的再现。“创造”这个词在应用过程中往往被多义化或者含义模糊，单纯从语义学的层面来说，是指生产者与作品之间的关系——如何把思想转介的过程，用更加符合亚里士多德定义的方式“重现”？从观者的角度看，大众平常理解的视觉艺术中的“创造”，就是要“看到”前所未有的“东西”；即使用一种“抬杠式”的逻辑——别人上天我入地——这种“逆向思维”固然算是创造的方法之一，但也是在一条路上的反复。这里讨论的景观艺术的创造，并非只是为了满足观者在视觉上的猎奇，还包括了生产者对作品的介入方式、表达手段，包括作品本身的来源——历史的、宗教的或者世俗的，以及生产者的态度。它最终体现的是对自然之美的升华。

北海道温凉的夏季有利于人们在高山草甸爬山坡。烈日下凉风里，Moere 公园里的大地形非常适合人们攀登

以上我们谈到的三个令人印象深刻的公园，曾经分别是工业废弃地、农地（farmland）和垃圾填埋场。经过设计师的非凡创造，达到了景观艺术上的高境界。同时，不同的景观设计背后都以不同的社会文化、经济技术为支撑。虽然人对美的需求是一样的，对动人的事物同样地心驰神往，但是必须承认，不仅是物理环境的影响，不同民族性格形成的美学文化及对环境的意识，创造出来的“美”都是不一样的。一个锥形的大地景观在有的地方会使当地人联想到坟墓；极限运动（攀岩、赛车等）在趋向温和、安全活动方式的社会文化中的普及程度恐怕也会有限；抽象美学认知在象形文字基础发展的文化中也许难以成为形象认知主体。在我们游历各地、赏遍景观以后，需要更加深入研究自己脚下的这片土地，这里的人和物，以及这些因素如何形成了独特的社会、政治和文化。

2016 年冬天，在暴风之王艺术中心林樱（Maya Lin）的大地艺术作品前

公园
——是对环境的修复还是二度破坏

对于环境危机的认识，人类至少从一个半世纪以前就开始了。一本名为《人与自然；或者说，被人类行为改变的物质性地理空间》（*Man and Nature*；*or*，*Physical Geography as Modified by Human Action*）的书于1864年出版。作者马什（George Perkins Marsh）有着长达21年美国驻意大利外交官的经历，以及在土耳其等中东国家外交经历，他目睹了一些古老文明因环境破坏导致的衰退，为此忧心忡忡。凭借惊人的语言天赋（熟练掌握超过二十种语言且大部分是自学的），他深入钻研各种古料典籍，分析古罗马帝国等古文明衰败的原因，为现代人类文明提出了警告——人类赖以生存的地球环境资源，会在无节制的挥霍之下枯竭。该书像百科全书一样信息量大，又因通篇拉丁词汇和句法而呈现的“维多利亚诗风”（Victorian Rhetoric）以及详尽的脚注，使它不像其他相关环境著作那样易读、再版多次、影响力广。与马什同时期的、为当代读者耳熟能详的相关作家是梭罗（Henry David Thoreau）、爱默生（Ralph Waldo Emerson）。[3] 虽然受的是律师职业教育，马什的经历使其关注点有独到之处，他从人类文明发展的维度，追踪人与环境变化的关系。他敏锐地察觉到，视觉是一种物理能力，而看是一种艺术。眼睛是物质性的，但并不是自行操作的器官，一般来说只能看到它所寻找的东西。[4] 他感兴趣的不是理论，而是对实践有益的宏观问题，比如外部物质条件（特别是地球表面的轮廓、土地和水域的分布、轮廓线和相对位置）对人类的社会生活和发展影响多大。[4] 马什回到故乡佛蒙特（Vermont），身体力行改造农场 Billings Farm（比林斯农场）。之后，经过几代人的传承与发展，这个农场成为了当地自然教育、农场博物馆的前身。

《人与自然；或者说，被人类行为改变的物质性地理空间》一书让我们知道，很早时环境问题就被深度关注和分析。后来，关于环境保护的著作数不胜数。仅在英语世界中，相关的经典著作就有《瓦尔登湖》（*Walden*）、《沙郡年记》（*A Sand County Almanac*）、《寂静的春天》(*Silent Spring*) 等。随着越来越多的研究与讨论，人类对环境危机的认识不断加深，比如把因气候引起的环境变化逐渐与因人类作用引起的环境变化区分开来[5]；从怀疑环境危机的存在，到得到越来越多的事实印证，不容置疑，人类面临的环境危机已经越来越严重。对于如何应对环境危机，业界仍然存在各种争议和讨论，比如：有环境学家认为，小面积、碎片式的栖息地对物种减少、气候变暖等环境问题的积极影响有限；也有反对者认为，人类高估了自己在地球发展历史中的作用，环境没有人类想象的那样脆弱。在被人类改造的环境中，自然能够重建起“不输往日”的生态系统。

无论是强调经济还是强调环保，两者博弈之间没有表面上看起来那样是非分明：因为过度开发带来的“远期贫困”（强调经济的结果）和“眼前的贫困”（强调环保的问题）同样需要面对。喀麦隆记者比科罗（Francois Bikoro）在世界银行和世界自然基金会试图终止对中非雨林砍伐时质问：“你们毁掉了自己的环境，从而得到了发展。现在你们想阻拦我们做同样的事，我们可以得到什么好处？你们现在有电视，有汽车，但是没有树木。我们的人民想知道，保护森林对他们有什么好处？”[6] 事实上，在全球经济一体化的趋势下，对区域资源跨国垄断的大型经济体的存在早已超出了本国国力在全球范围内的列位排序的意义，地方经济与资源自主经营权被低价掠夺早已成为经济链条上的定式。威尔逊认为，“以技术为后盾的资本主义所挟有的巨大力量是阻挡不了的。加上数十亿生活在发展中国家的穷苦人们正急于加入，以便分享工业国家的物质财富，资本主义的动能更加强大了”。[6]

为什么追求经济利润最大化与环境保护会产生矛盾？如果刨根问底，要回到现代经济之父亚当·斯密（Adam Smith）在1776写的《国富论》，全称《国民财富的性质和原因的研究》（*Inquiry into the Nature and Causes of the Wealth of Nations*），其基本思想奠定了自由经济建立的基础，即基于个人意志之间的自由竞争会使社会利益最大化。而“自由市场可以有效地利用价格让生产（production）与需求（demand）匹配”这一观点，是建立在一个错误的假设之上：有限资源（finite resources）的价值等价于用其他资源代替、消耗它们的成本。这个问题集中体现在比如土壤的侵蚀与枯竭，不仅需要长时间重新生成，而且缺乏有效替代物作为健康土壤这个事实上。[7]

土壤的健康问题，在各种环境危机中的严重程度不亚于其他任何一种，但是引起的重视程度却远远不够。塑料的广泛使用是在第二次世界大战后[8]，在中国大概是 20 世纪 80 年代后期。“上海城郊浅表层（0~3 厘米）和深表层（3~6 厘米）土壤中，发现粒径为 0.02~5.00 毫米的微塑料丰度达到 78.0 和 62.5 个 /kg……”[9]。大块塑料被各种环境因素分解后形成的粒径小于 5 毫米的颗粒，即“微塑料”，它具有不溶性和持久性。塑料的危害不仅在降解过程中分泌出来的化学成分影响土壤的生态健康，它还具备有效吸附重金属、农药等有机污染物的能力来强化土壤的污染。而自发明塑料以来，全球塑料总产量有 83 亿吨，其中 63 亿吨变成了垃圾，全球 79% 的塑料被掩埋或遗弃在自然界中。甚至是大家不以为意随手一扔的烟头，过滤嘴部分是由生物塑料制成的，在土壤里可以存在十几年甚至几十年。

除了土壤危机，还有生物多样性危机、气候危机、人口危机，这些都在悄无声息地影响着地球和人类。很多生态学者、环境学家都认为，人类现在面临着“人口过多、消费过度的生存瓶颈”。[6] 从人口增长上看，一万年前，地球上仅有 500–1000 万人（相当于现在中国一个中小城市的人口数量）；2011 年 10 月 31 日，联合国庆祝了第 70 亿个人的诞生日；保守估计，2050 年全球人口将达到 96 亿；到 21 世纪末，地球上的人口要超过 100 亿。[10] 有专家认为，人口增长是造成环境破坏的最强大动因。[5] 也有专家认为，人类之所以没有因为以往的教训而有所改变，甚至让环境恶化愈演愈烈，是社会被致力于“最大限度地利用资源以获取最大收益的群体所支配”。[5] 环境保护与经济发展的矛盾，实际是保护环境会限制经济发展，这恐怕是环保主义者和经济学家唯一没有争议的观点。

或许我们是在杞人忧天，或许灾难的种子早已埋得太深。无论现在境况如何，我们都需要警觉环境危机带来的影响，并身体力行地制订应对方案。

作为景观设计师，我们必须关注环境危机。公园或许是个机会。

公园虽然尺度小、碎片化，对区域性的生态环境影响不大，但是在其他方面的功能不容小觑。比如人在绿地中的体感温度比在硬质混凝土环境里要低很多；虽然公园无法作为大型动植物的栖息地，但可以为昆虫、鸟类、两栖类等小型生物提供居所；相对丰富的生物多样性为土壤、地下水的健康带来好处。2022 年的夏季高温是全球化的，在我国局部地区超过了 1961 年有观测记录以来的历史高温。而近年来连续出现夏季高温的城市并不局限在我国，欧洲、北美一些夏季不需要空调的城市纷纷被前所未有的高温困扰。为了应对夏季高温等极端气候，在《伦敦城市韧性战略 2020》中提出一个方案，每一位市民步行 7 分钟范围内就有一个公共避暑空间，这一做法是效仿巴黎城市“冷岛和路线”（cool islands and routes），而城市公园是“公共避暑空间”之一。[11]

南京汤山矿坑公园登高处的眺望平台。黄昏时分，游人、下班的工人、学生，闲聚于此

汤山矿坑公园

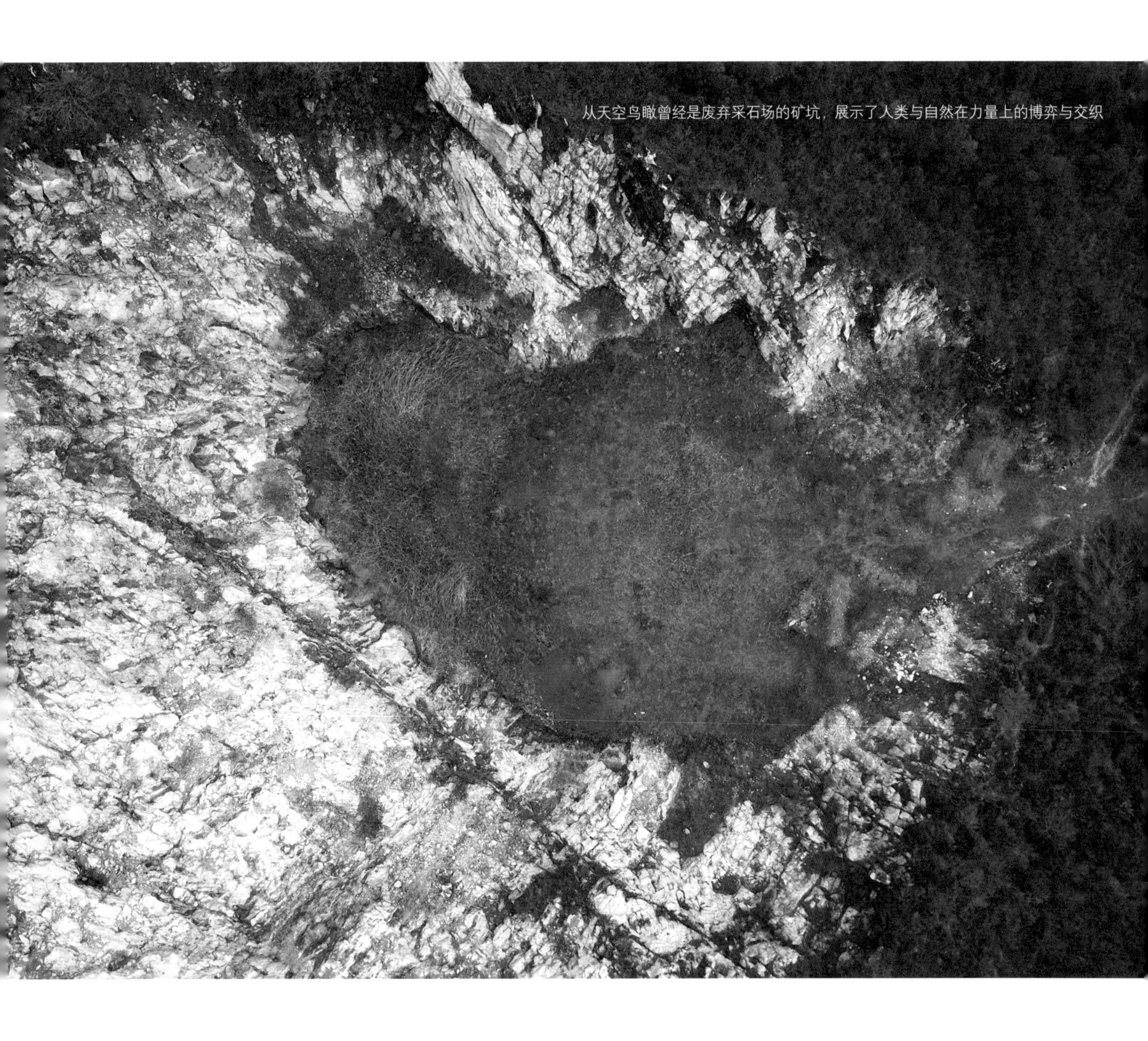

从天空鸟瞰曾经是废弃采石场的矿坑，展示了人类与自然在力量上的博弈与交织

南京汤山的矿坑公园，是张唐景观参与的少数不属于社区公园范畴的公园设计。由于用地处于汤山温泉旅游度假范围，更多的是服务南京市区车程在1个小时左右的、有周末或小长假郊游诉求的市民。设计范围包括曾经是采石场的3个大坑（实际上有4个坑，在前期策划中将其中1个大坑作为他用）。在这个项目中，我们遇到了前所未有的挑战：对于采石场在山体上留下的“伤疤”，怎样用人工手段帮助山体自然恢复，避免造成二度破坏？复绿、防止山体滑坡的工程方法有很多，针对汤山地勘的岩石特征（破碎、易风化等），常见的用水泥桩体给种植提供土壤空间、防止山体继续滑坡的做法会造成土壤局部硬化，可使用的植物品种单一。

虽然项目的诉求是要对矿坑复绿，但在生态、工程措施、造价等多角度论证下，最终仅仅针对最为近人的部分使用了山体防护网局部防护，让裸露的山体在自然力的作用下继续风化，风、飞鸟带来的种子在石缝中长出了适合的植物，自然恢复的过程是缓慢的，真实地呈现了人类与自然之间的博弈——人类的力量有着强大的破坏力，自然的力量有着顽强的生命力。游览其中的人很难不被这样的场景所震撼。

除了对坑体的修复，项目设计还关注山体汇水的走向、流量、沉淀、净化，以及在山脚下最后汇入人工鱼塘收集、泄洪，将人的活动结合在自然的活动中。随着社会对自然教育的关注，这部分对公众完全开放的山、水、林地，逐渐成为各种自然教育机构开展活动的最佳选择。

项目最吸引眼球的是儿童活动区。该用地原本是采石场的堆料场，利用它的特殊位置、平整度和坡体，以采石活动使用的工艺、采运流程作为设计语言，形成有场地特征和寓意的儿童活动场地。该场地后来采取收费运营，有效控制了人流量，同时为整个公园的后期维护提供了资金。*（江苏南京/2019年建成/45公顷）*

南京汤山矿坑公园的景观规划设计

用锈钢板与裸露的矿坑石壁作为色彩上的呼应，体现了工业景观的特色

矿坑游览的线路图

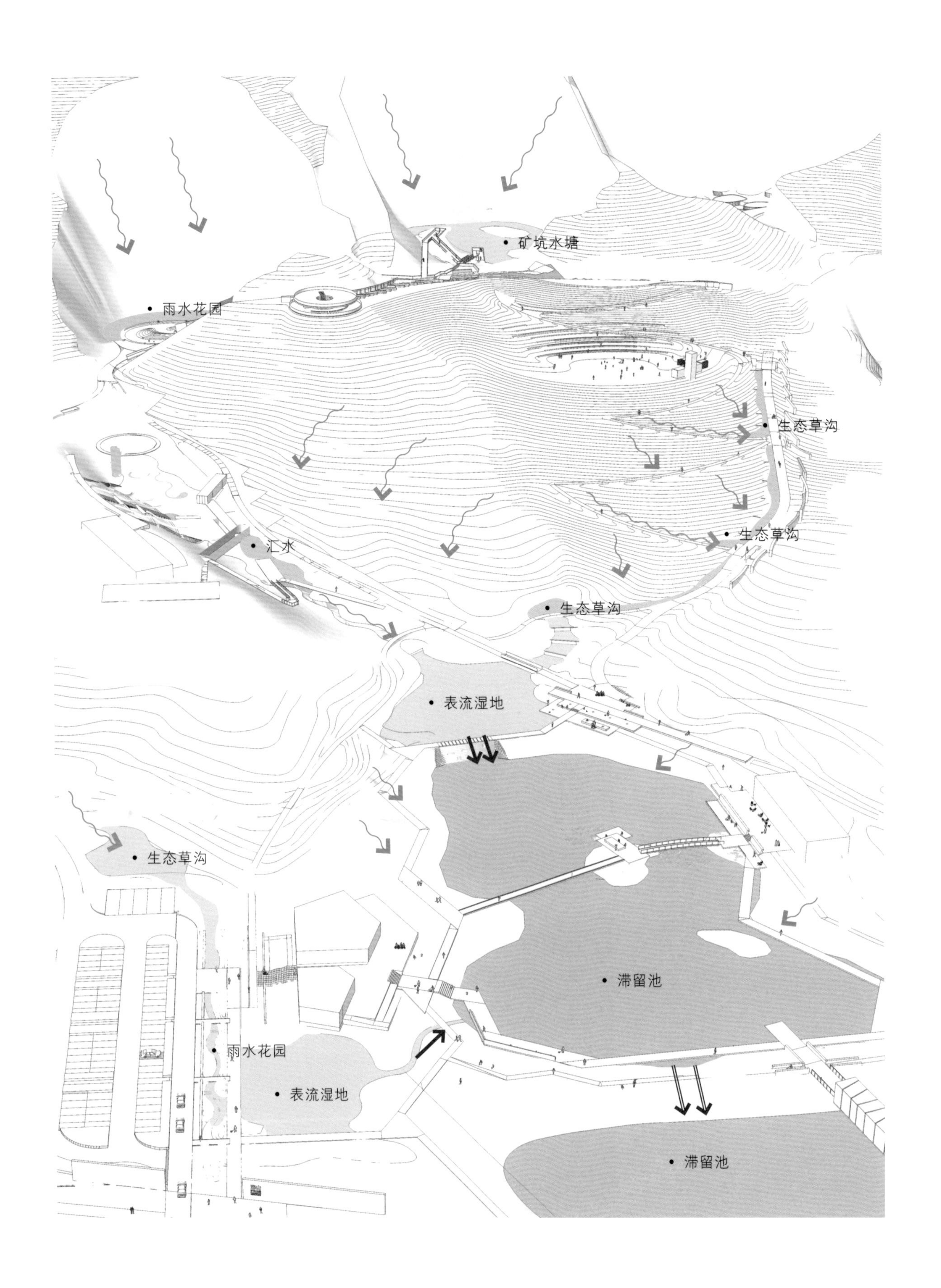
矿坑水塘
雨水花园
生态草沟
生态草沟
汇水
生态草沟
表流湿地
生态草沟
滞留池
雨水花园
表流湿地
滞留池

山脚下重新设计修整的地形重塑了视觉感受

环形栈道
原始林地
餐厅博物馆
雨水花园
矿野拾趣
游客中心
生态草沟
生态停车场
雨水花园
表流湿地

亭邀月
岩瀑洞天
隧道
圆席剧场
阡陌花涧
矿坑水塘
生态草沟
跌水曝氧
湖滨餐厅
流湿地
滞留池
廊桥
滞留池

在场地最低点，将原有的鱼塘清淤、梳理植被，形成集泄洪、休闲功能于一体的场所

自发生长的植物陆续从岩石中冒出来

公园的未来

——也是人类的未来

城市公园的社会性往往服从于社会的人文属性、律法规定，换言之，城市公园是人类文化的产物。具体到我国，现今代表着未来国家发展方向的土地政策的改变，对公园产生了一定程度的影响。规范对建设用地的控制，意味着公园的建设用地受到限制。在现实中，很多城市没有足够数量和品质的公园绿地来满足人们越来越高的休闲放松需求。这个矛盾该如何应对？

宏观来讲，公园建设的出资方（无论是政府、开发商、还是代建方）和设计方的出发点基本都是一致的，都是以服务使用者为目标，但是在具体实施过程、后期管理过程、使用者完全介入的过程中却充满矛盾。从设计师的角度，初始概念如果没有顾及后面三个部分的实际情况，基本就是纸上谈兵，只是在图纸上画了一个热闹；但是如果处处顾虑建造、管理、实际使用，结果就会导向屈从性设计，又会让设计失去了意义——现状的建造、管理水平是什么样就设计成什么样，大家怎样利用城市公共绿地就给出怎样的空间。这样的博弈与平衡是设计师每天面对的。很多问题无法解决，结论无关好坏，结果都是一个多方利益的最佳平衡点。

根据过去十几年的实践经验，我们尝试针对我国未来十年的公园绿地发展提出应对性策略：

第一，在城市里，除了对现有公园的改造（事实上，改造项目的操作难度比新建大很多），可否对街头绿地、广场绿地等公共开放空间综合利用，而不是把公园的概念局限在规划定义的范畴内。这里其实暗含了一种方法，就是规避规范上不能更改而又不太合理的地方，在名称上不再叫作“公园”。在城市中，通过与商业店铺的密切结合，公园用地达到公共、私有与税收之间的平衡，保证维护上的可持续性。

第二，在城市边缘，对废弃的耕地、人工林地再利用。首先需要生态恢复。在规划之前，需要明确的一个问题是恢复的目标是什么。所谓的生态恢复，是恢复到什么时候的什么阶段。中国几千年的文明史，给土地带来的突出特征就是，凡人力所及的地方基本都被使用过，没有被耕作、造林、造房的地方基本就是人力不可及的。城市边缘，甚至更遥远的乡村、山区，也都曾经是耕地、池塘、果园、退耕还林时期的人工林等。那么，生态恢复依据的“健康标准”是什么？目标又是什么？这是一个值得深入探讨的话题。至少，人工搭建的生态模式需要符合区域环境、在地景观，而人工模拟的生态结构是一个动态的、实验性的、可调节的过程。如果耕地的性质在现有的政策下不能被改变，是否可以尝试将生态有机农业用地作为示范、科普、教育基地；对于大面积“退耕还林”时期单一品种的人工林，更需要抽稀、增加下木品种多样性等多种生态恢复手段，让对“林”的保护切实有效。在介入人的行为时，需要结合亲子、户外等活动运营，保证经济上的可持续性。

河源春沐源中的龙骨乐园里设计了系列的科普信息

合肥智慧中央公园中的架空步道空隙中长出了各种杂草，

这是近期生态景观学中的新概念“自发性生长的植物群落”（spontaneous plants）

第三，通过设计，改变“公园”的概念、惯有形象以及建设思路。公园不再是一个人工化的自然，而是一个人与自然相互平衡的场所。这里涉及城市公园的自然属性。在城市里，以人工的、无生命的材料为主营造的环境中，提供尽可能接近自然的机会，应该是城市公园的根本存在意义。以其他物种为伴的生活，或者说与其他生命体共存欲望也许是人在进化过程中始终没有丧失的一项需求。在生态学中，把“一种与生俱来、特别关注生命以及类似的生命形式的倾向”[6]，称作“亲生命性”（biophilia）。虽然是生态学上的概念，亲生命性同时也很哲学，是与人类生活息息相关的一个基本概念：用非人类视角去看待整个世界，众生平等。人类关注自己生存状态的同时，也要给其他生命的生存留有空间。

那么，公园是否可以在更高一级的命题中被讨论呢？比如生物多样性能否在未来的公园被重现？城市环境中物种（fauna and flora）的生态系统如何在公园中建构？公园的面积指标可否不再以人类居住地这一单一生命体聚落为核心衡量目标，而以不同生物栖息地、物种所需的领地（territory）为参考？

第四，增加相关工作（如公园植物讲解标牌设计、环境教育、户外课堂等）的就业机会以及专业培训（如植物的修剪维护等）。在可持续环境能源研究中，有专家建议实施一个完整的中国绿色公共就业计划，提供诸如植树造林岗、河流清洁岗、回收资源岗、社区公园岗等岗位。这些针对公共政策的建议为进一步研究探讨“在碳中和公正转型中如何利用政策资源帮助弱势群体实现就业保障”提供了可行性。除了大量的低技能重复性工作，相关专业还需要一定程度的知识储备，有一定数量的专业人士参与或从事相关工作。

这样，一个身边的日常公园，最后的呈现可能只是简简单单的草甸、跑步道、小树林、小水塘，一些需要高维护、高运作的设施将会被慎重考虑其持续使用的运营成本。不可否认，一些创造性的、具备时代特征或者文化导向的公园形态仍然还会被需要，毕竟人类社会的复杂性带来的结果是无法预期的。

这也是本书借助“日常公园”这个概念所要讨论的：既然是公园就是人造的，人造的就是符合人类社会属性的自然，而非真正的自然；对待自然的正确态度是尊重，保护它的方法是不干预、少干预。一个城市公园，或者说一个亲自然场所，可大可小，可以出现在城市的任何角落；植物用的是该地方适合的，不拘泥于所谓的绿化指标；气氛因场所决定，或欢愉或静逸；如果从这些方面出发，我们应该做些什么才是对这个世界（包括人类社会、自然界）最合宜的？除了形态方面上一时的、阶段性的，或者文化上的、根深蒂固的决定性因素，这些场所的存在是否应该具有更深的内涵？它的未来该何去何从？

– 访谈：上海城市公共空间的规划过程和实施细节

*受访者：卞硕尉**

采访时间：2022 年 2 月 8 日

文字记录 B：卞硕尉，T：唐子颖

很多时候，当质疑一件事情时，并不是因为我们更聪明，而是因为不了解。比如篮球场地，如果不在"公园绿地"这个规划定义的属性之下，城市绿化部门可能就没有维护经费。而我们设计的生态多样性，特别是在植物方面，对城市绿化管理机构的维护来说，可能不只是费用上的问题，还有专业人员、技术方面的挑战。

为了更多地了解城市规划对城市公园土地、位置、性质的影响，以及未来城市公园的发展方向，我们采访了上海市城市规划设计研究院详细规划分院的一线规划师。这里提到的很多举措，都是城市未来公园可能呈现的结果。

B：我在上海市规划院详细规划分院工作，以详细规划类项目为主，参与的项目主要位于黄浦、徐汇、静安等上海中心城区。我从十年前就开始参与对公共空间、慢行等有关城市品质的研究和实际项目。

T: 你们的工作内容一般都是什么呢?

B：核心是控制性详细规划。

上海是 2007 年上一版总规完成以后，做了分区规划，之后，做了单元规划和社区控规。上海中心城的控规基本全覆盖了。因此，我参加工作以来，主要参与的是重点开发片区的详细规划，或是一些局部地块的详细规划。比如世博会开了以后，那块地就完全空下来了，以后做一个什么样的开发，需要编制详细规划；比如黄浦江两岸的杨浦滨江、南外滩、徐汇滨江、前滩等地区，结合黄浦江两岸的开发，都进行了城市设计和控规的编制。

大概从 2013 年开始，上海启动了新一轮总体规划，也就是总规 2035 的编制和相关研究工作，工作过程中，大家开始对标纽约、伦敦等国际一线城市，学习他们的城市规划和建设的经验。当时，纽约、伦敦都发布了总体规划，大家都在看这些国际城市都在关注什么，比如公共空间，就是当时在做新一轮总规时的一个新的专题研究。

T: 在你们开始学习纽约、伦敦规划的过程当中，发现有什么不同?

B：上海提出了要建设"卓越的全球城市"的目标，借鉴这些国外城市的案例，对标上海，找差距，比如公共空间、步行环境方面。还有文化方面，对比纽约这种文化大都市，上海也有差距。针对这些，我们当时也有很多专题性的研究，可能有些内容是以前的规划里没有系统性研究过的。

T: 文化上面的差距是什么?

B：差距在博物馆、演艺场馆等文化场馆和文化设施的数量，包括人均指标、总的规模、每年的演艺场次等。在规划里面会做一些应对，比如新增一些文化

* 卞硕尉，上海市城市规划设计研究院，详细规划分院，主创规划师。

设施、文化场馆，比如世博文化公园旁边的上海歌剧院。当然，有了空间以后，软实力也是要进一步提升的。

针对公共空间，我们会做一些案例对标的研究。比如用当时上海的中心城对比芝加哥的卢普区（Loop area），比较二者的广场、小型公共空间的密度、数量。然后我们就会发现，上海缺少小型公共空间，（将结论）运用到我们后面的规划工作里，于是提出了要增加口袋公园、街角广场。

T: 你们还做一些控规编制吧？

B：对。上规院（上海市城市规划设计研究院）相当一大部分工作就是编制上海市的控制性详细规划。

T: 这种规划的法律效力如何？我们需要遵守的法规条例都是什么地方定的？

B：控规主要依靠法定图则。控规的编制和管理也要根据相关法规规定。《上海市控制性详细规划技术准则》是由市规划局来组织研究，然后市政府批准，形成了一个地方层面的技术准则，但还不是法规条例。

T: 你们的工作内容能不能改变城市中不合理的地方？

B：很多东西不是规划来定的，规划的主要对象是土地使用和空间。除此以外，相关的还得跟行业部门去对接。比如我们在规划里面划定了一个学校，在那本准则里面就有小学的单个千人指标是多少，最小面积、一般规模是多少。但教育部门还有自己的标准，也有国家规范、地方规范，可能跟我们的规划指标准不一样。之前我们碰到绿化的标准也不一样。再比如说黄浦江，我们碰到航运，我们说苏州河那边的桥应该降低标高，跟步行联系更好。但水利部门说这个桥梁底下是有航运要求的，是有标准的，虽然事实上苏州河中心城区段已经没有货运航运的功能了（注：苏州河今年9月下旬起试航用的游船都是矮船）。苏州河东段有很多老桥本身梁底标高就很低。防汛墙应该怎么来做？这些标准由水务局来定。各个内容都有相关行业主管部门，规划过程中需要不断地沟通，或者说是某种意义上的“吵架”。可能有些地方能说服对方，但也有很多时候不能。

T: 最近两年是不是规划部门有所调整？这种国家级的调整对你们的影响是什么？

B：这是国家行政部门的调整，工作本身依然需要，现在叫“国土空间规划”。上海很早就已经规划和国土合并了，之前叫“上海市规划和国土资源管理局”，那时候其他地方都是国土资源局和规划局是分开的，现在叫“规划和自然资源局”。规划是管控规这种法定规划的指标，每块地做什么，指标是什么。以前国土的一部分工作就是跟规划对接规划指标，国土根据指标做土地出让或者划拨。

T: 下面想谈谈城市公共空间。编制规划或控规，真正起什么作用？比如城市空间中不合理的、有问题的，能够通过编制控规变合理吗？

B：这个涉及的方方面面可能就比较多了。因为控规其实不像城市设计。城市设计没有法定效力，大家看一个大的效果就行了；但是，到了控规阶段，每根线的位置其实都有法律效力。尤其到中心城区，很多线最后可能都是通过不断的协调定下来的，不管是建设单位，还是区里、市里各个部门，可能很多是“吵架”吵出来的。我个人是属于技术部门，负责画那张图则或者说来编制控规。有些不合理的东西很难去解决，当然有些在技术能力范围之内也会去尽量去做一些优化。

T: 因为是综合了很多部门的要求，而且因为是各部门之间的协调，那终归是最合理的，是兼顾了很多的条件和考虑。

B：是的。规划其实最后不一定是一个最优的结果，但一定是各个方面都能接受的一个解答。可能兼顾了各个方面的一些诉求，但是各个方面也不能 100% 满足，可能大家最后都拿了 70 分的结果回家了。

T：那我们再说说绿地。比如上海目前跟其他城市对比，绿地密度可能会相对比较大，规模却没有那么大。对比北京的奥森公园、波士顿的带状绿色廊道，上海没有这样的条件。从规划层面上，这对人的生活、出行和步行系统有什么利和弊吗？

B：我觉得先分两块。第一块是上海（绿地规模）可能都比较小的问题，其实也不完全是这样。伦敦就有一个（绿）环，有环以后就确定了开发边界，然后里面一条条的绿地伸进来。上海在最早规划时候借鉴了这种模式，首先确定了外环绿带，就是我们现在的外环线绿带，相当于形成了一个环，这跟很多国外的城市是相同的。

可能看起来没有像那么纽约、波士顿、巴黎那样非常连续，因为规划的时候现状土地上都是有其他用途的，成熟一块建一块。现在可能也没有完全地连起来，但绝大部分其实已经连起来了，而且也具有一定的宽度。当时的绿地是当防护绿地来做的，没有把公园活动的功能植入进去。先把周边的绿化地带能控制的都先控制上，种上树。

在绿环的基础上，上海还有楔形绿地，政府也需要投钱。可能政府财力也没那么大，所以当时大概有一个政策，楔形绿地里面可以有一小部分做开发，剩下的做生态绿地，来促进它的实施。通过这样的一些政策，其实也实现了一些楔形绿地的建设。比如浦东的张家浜，还有三叉港绿地，在吴淞口的对岸，那里有个浦东滨江森林公园。规划最初设想是一环加十个楔形绿地，但等到真正的规划要去实施的时候，会面临一些具体的问题。所以一个是时间断面不会一下就完全做好。另外一方面在具体实施中可能不会那么完美。可能会有一些其他的因素，比如说建设用地的增加、一些地块很难征收等，最后可能会就变成现在这样一个结果。所以说大的绿地，上海也不是没有。

还比如世博文化公园，当时最早就是世博会的非洲馆片区。整个卢浦大桥的西侧，到黄浦江一大片区，就是后滩公园。最早的研究方案中可能有 30% 的土地用来做开发，紧挨着绿地做个商务区，做一个像陆家嘴那样的 CBD。到后面决定，那个片区里面一平方米建设都不要，就做一个完整的公园，因为上海缺大公园，这种尺度的大公园可能有上千平方米。当时旁边还有个克虏伯的钢铁厂要开发，就把它合并进来了，变成了现在的世博文化公园。

上海在城市发展的过程中，人口密度一直很大，没有开放空间，没有绿地。所以，上海非常重视绿地的建设。人民广场那边，延安路高架和南北高架底下一大片连着的是延中绿地，从 20 世纪 90 年代开始就逐步建设，整个大概有 50 公顷。从最早做延中绿地到南北高架，再到世博文化公园，这样的外环绿地、楔形绿带的控制，都为上海一个大的绿地系统骨架奠定了基础。现在规划那边还有几块绿地没有动迁或者改造。所以有条件的时候，上海也在做这种特别大型的绿地。

从规划层面来说，我们把绿地放在那，到后面在实施上有一些困难，具体会有一些调整。我记得以前做一个控规的调整，如果要涉及调绿地，绿化（部门）其实非常强势，如果开发地块道路红线调整，比原规划的绿地少 1 平方米，得同步调整一张图纸在旁边，把那 1 平方米找回来。

从绿地上来说，大的已经在规划上画下来了，比较容易实施的先做了。后面的可能都是硬骨头，也只能慢慢来。

第二块是刚刚说的小空间。上海的城市发展密度比较高，人口密度也比较高，地少人多。我们前面做对标研究，当时是 2012 或 2013 年，发现（绿地）量有了，但是密度不够。于是，提出来整个上海除了前面规划的大绿地以外，还要更多地做一些小微型的广场和公园。那个题目正好是在我们部门做研究。当时看了伦敦 7 级的公园绿地的分级，它的最后一级叫 pocket park，我们就直接翻译过来叫“口袋公园”。在这基础上做了一些研究，发现小型公园绿地缺的比大的更多，（而且）大的（已经）画上了，再想大的上海也拿不出那么多地来做。如果我们能更多、更好地做小的，把小的密度做好，品质做精细，形成精致化的小公园、小广场，能被人所使用，更有利于城市。

当时我们院领导提出，在公共空间方面，中心城重点要关注小广场、小绿地，就是口袋公园。郊区要做郊野公园，也大概是2012年开始的。当时我们院大概分了好几个专班组专门做郊野公园，做完规划以后配套土地整治。比如说宅基地怎么转成建设用地，或者宅基地怎么转变成耕地或者郊野绿地。具体政策配合了郊野公园的规划，配合土地政策。现在上海把第一批的近十个郊野公园都建起来了，像浦江郊野公园、青西郊野公园。现在郊野公园可能也需要（重新）评估，发现郊野公园做完以后好像人去得不多，效果不是很好，大家反映的问题比较多。

T：绿地规模大小不同，它的目标和受众，或者说意义也不一样。比如说要服务于人的（绿地），的确需要一定量的建设用地，因为可能要想人去活动，有行为发生，不能是纯粹的植物、水体。不知道在规划的层面上，是如何再进一步详细制定呢？

B：比如那个绿地里面30%还是多少是建设用地，是规划来定的，总体规划的时候，可能做了一个构想，哪一个范围是一个线性绿地，但到空间详细规划，里面的道路、具体的哪些是公共绿地，哪些是开发绿地、住宅，哪些是商业办公，肯定都得画出来。占比的到底是26%还是37%，在控规里面都会明确。

T：占比26%或37%，依据是什么呢？

B：这个很难说得清了。到底是多少，比如说到底留多少绿地，留多少开发地块，我个人觉得其实是政治、经济、生态、民生等方面的平衡账。

T：我们有时觉得规划里面制定的有些指标是“拍脑袋拍出来的”。

B：（笑）可能有一点点吧，但是说纯“拍脑袋”，也不是。有的时候是希望这块地里面拿到多少万的开发容量，经济上可行。一定是有做过测算的，包括地价、征收成本。通过规划或者城市设计大概土地功能怎么样，空间形态怎么样，基本上就出来了。

其实经济上肯定是有这样一个需要的，但也不是谁能说了算，各方都有财政或者其他方面的需求。上海很多大型的地方都有一个一级开发商作为土地平台公司，后续再进行二期开发，最后一定是多方协调下来的一个结果，这是一方面。另外，我觉得可能应该用“民生”这个词。比如说前滩做出了将近1平方公里的绿地来；后滩的世博文化公园也是全部绿地。当时还做了很多道路的下穿，上面绿地尽量增加。总体来看，是很多方面的妥协和各方面的平衡。

T：你的主要工作范围是上海，会做中国其他地方的规划吗？

B：上海的比较多。我工作以来也做过外地项目，比如济南、南京、嘉兴、常州等，还是以上海的为主。我个人觉得外地项目很难做到很实。可能每次规划都是给地方政府画一个宏伟蓝图，那这张蓝图最后怎么落下去，必须要在现场，要地方规划院的参与，要跟各部门、利益团体不停地沟通，才知道为什么会发生这样的事。

你说规划能干什么？其实我们能干的也很少。

在可能很小的地方，比如说某块区域在画那个绿地形状的时候，反正要这么多量，我给你那么多量，但这个形状可能这个样子，跟旁边的房子这么来交接，我能稍微参与到决策里面。

T：我们经常拿到一块比较具体的场地，对绿地边界线的划定百思不得其解。

B：有时候一个片区，一个地块，开始大家都在讨论的核心一般都是经济指标，然后再关注到绿地的边界怎么确定。虽然我知道纽约在实施小广场计划以后经营地价有所上升，但在上海这边大家好像关注得还没到那么细，比如一块绿地在里面怎么放，未来才能更好地有利于整个地区的价值或者品质提升。

很多公共空间不是政府来提供的，是开发商来提供的，比如商业综合体或者说综合项目。像张唐景观在北京宇宙中心那个项目（U-center 广场），公共空间其实是商户自己提供的，而不是政府来要求的。

其实很多时候公共空间的设计或者制定，有可能到了下一个建筑设计层面的时候才能真正地体现出来；但我们规划的时候尽量希望可以留好接口。比如我现在比较不太能接受，沿着道路画一条带状绿地，我觉得那真的不是很好用。街角一块一样面积的绿地可能还会更好用些。尤其是在中心城里面，我们规划可能希望能预留好一些接口，包括公共空间和一些交通流线的衔接，比如轨道交通站点和街道空间的连接。

通过上面的访谈，我们首先更加深入地理解了规划不只是制定规范的部门，其更多的工作是协调与平衡。平常我们接触到的条例、图则等是几经博弈、多方权衡的结果，它可能在单方面是不合理的，比如某一块城市绿地的出入口，却是因为周边土地应用的性质不得不如此。我们专业设计师习惯站在自己的角度看问题，经常缺失的是宏观视角。

其次，规划在使用和应用上来说，针对地方的、深入地方的，的确更加有意义。它配合土地政策、经济发展等多方策略综合考虑。从某些角度看，规划是统一的，事实上，它的制定、成形具有很强的地方特色、地域特点。

最后，从上海城市的公园绿地发展看，城市中心、人口密度大的地方，小型的口袋公园可能会使大部分人的幸福指数提升，因为它就在身边，人们可以经常使用；大型的公园体系，其尺度在生态意义上更大一点，比如说鸟的迁徙聚集对领地要求很大。公园绿地需要从使用者（不只是人类）的需求，在多功能和用途上细分。

深入地了解一件事情，并不代表因理解而妥协，而是让质疑更合理。虽然我们在讨论城市公园这个小小的话题，牵涉的议题却是非常广泛的。国家政策的不断调整和推动，决定了设计行业的方向。设计师好比球场上某个环节的接球手，上位掷球者投掷的方向决定了接球手向哪里跑。

张唐景观在北京设计的优盛（U-center）广场，公共空间是商户自己提供的

在本书的编著过程中，事务所里新的公园设计项目也在同时进行。在新设计和完成的项目中，有些已经完全转换成“公园 +”复合型模式。比如武汉的未来中心 VFC 占据的是商业综合体建筑周边的剩余空间，土地性质包括沿街绿地、商业用地和居住用地。不管是土地性质还是建设规模，它都不符合公园的基本要求，但它确实又起到了公园的作用，为周边住区的居民提供了能开展丰富的户外休闲活动的场所。另外，该活动场所开发的目标还包括增强商业消费的吸引力，延长商场访客停留时间，利用外部场所活动补充室内空间的功能。公园涵盖了街头篮球场、旱喷广场、虫洞乐园、趣味跑步道、休憩空间等休闲功能。复合型用地，复合型功能，需要我们设计的空间也是复合型，在使用上具有弹性、可变性、综合性等特点。

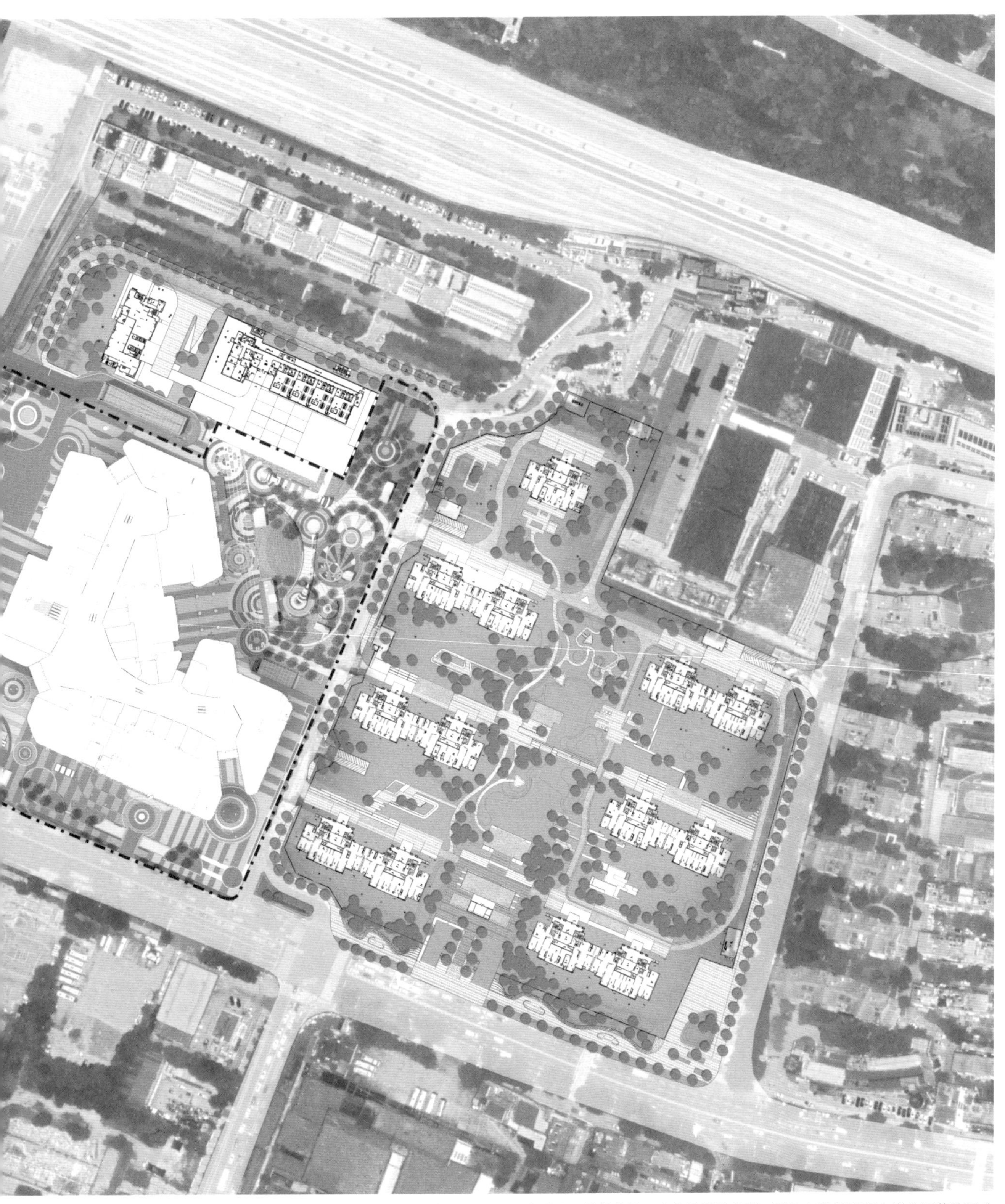

夹在居住区和商业之间的 VFC 公园，为附近居民提供了一个户外活动场所，同时也满足了商业推广运营的诉求

未来居住区和商业综合体之间的活动设施

设计中尽量满足儿童、青少年不同年龄段对户外活动的需求，比如低龄段的爬、滑，稍大一点的孩子的球类运动

随着国家政策、社会发展带来的变化，我们在公园设计实践过程中，相应的设计语言和方法也一直在发展、变化。极端气候对自然环境的影响不可估量，低碳生活会改变人们的生活方式，为景观设计带来潜移默化的影响。在 2023 年对公众开放的凤翔洲公园，全称龙游·凤翔洲水文化公园，位于衢江的江心洲。其特殊的地理位置，沙洲本身的不稳定性，边界的可变性，以及受气候影响的剧烈程度，让我们的设计不能只停留在以往的经验和方法中，比如简单地加固沙洲护岸。所有人工介入的设计元素，无论是构筑物、墙体还是植物，都必须具备抵御洪水季节的暴雨冲刷、深度淹没的能力（与洪水强度、淹没周期、退洪速度有关）。设计元素与自然元素（风雨、江水、林木、湿地等）之间是共存关系。户外环境科普教育、生态保护与修复、亲自然体验成为设计的终极目标。同时，公园配置的综合服务中心、节水教育基地、卫生间等便民服务配套，以及动物农场、森林乐园、餐厅、民宿、咖啡馆、水上俱乐部等多种业态成为保障各种“亲自然”活动可持续发展的人文、经济基础。

为凤翔洲公园设计的可以亲水的“沙洲”

亲自然中心里的“叶脉”地形

凤翔洲头的环形堆石步道

与自然共生存、共进退的公园

[1] 朱光潜 . 谈美 . 古吴轩出版社 ,2021.

[2] MINOR V H. Art history' s history. Second Edition. Prentice-Hall Inc., 2001.

[3] P XI. Foreword: a classic of conservation, man and nature, George Perkins Marsh. Seattle: University of Washington Press, 2003.

[4] MARSH G P. Man and nature. Seattle: University of Washington Press, 2003. 原文为 "Sight is a faculty; seeing, an art. The eye is a physical, but not a self-acting apparatus, and in general it sees only what it seek." .

[5] 休斯 . 什么是环境史 . 梅雪芹 , 译 . 上海 : 上海人民出版社光启书局 ,2022.

[6] 威尔逊 . 生命的未来 . 杨玉龄 , 译 . 北京 : 中信出版集团股份有限公司 ,2016.

[7] MONTGOMERY D R. Dirt, the erosion of civilizations. Berkeley: University of California Press, 2008.

[8] MCKIBBEN B, The end of nature. Random House Trade Paperbacks, 2006.

[9] 汤庆峰 , 高峡 , 李琴梅 , 等 . 农田土壤微塑料污染研究现状与问题思考 . 安徽农业科学 ,2021,49(15):72-78,84.

[10] MONTGOMERY D R. Dirt, the erosion of civilizations. Berkeley: University of California Press, 2008. 原文为 "Most demographic estimates anticipate more than ten billion people on the planet by the end of this century." .

[11] London City Resilience Strategy 2020, MD2577 London City Resilience Strategy | London City Hall. 原文为 "By 2020, the goal is for all Parisians to be within a 7-minute walk of a cool island." .

致谢

从 2018 年开始策划此书，就有好几拨张唐景观的同事参与了收集并整理资料的过程，从已经离开张唐景观的顾欣骏、钱沁禾，到现在的主要成员潘昭延、牛宇轩、车恩俊。大家利用了很多工作以外的时间，讨论构架、搜集材料、现场回访。还有办公室的一些同事，去我们设计的公园参观学习，用图文的形式为本书提供了回访材料。众所周知，从 2020 年到 2022 年，出门很不方便，大家利用回家过节或者出差之余，冒着各种风险，对公园的现状做了记录和访谈，因而资料弥足珍贵。这些同事有陈逸帆、张文莉、姚瑜、徐敏、张笑来、张伊安、李明峰。

我们通过一些项目负责人对项目相关事宜进行追踪，比如赵桦对良渚劝学公园的后续追踪。孙川除了对公园后期运营进行了详细调研外，还对杭州杨柳郡的基层管理权进行了追踪。刘洪超、曾庆华作为专项采访对象，为我们提供了不同于设计方面的项目资料。广州大学的王墨博士作为张唐景观自然工作室的外援，为公园的相关政策做了时间线上的梳理，他还以个别公园作为研究对象，组织学生进行专业调研。办公室里几乎所有的人（包括当时张唐景观的实习生）都帮忙回忆了自己小时候的公园，为此向大家致谢。此书是集合了大家的力量才得以完成。

感谢李迪华、范菽英、卞硕尉、李莉、申瑞雪几位老师接受访谈，为我们提供了看问题的不同角度，从国家政策、管理、规范等层面完善了“公园”——这个立体的人类社会产物的方方面面。

本书的出版、排版事宜由姚瑜总负责；方乐饶负责具体落实所有的排版工作；李艺琳、车恩俊、陈海天做了大量的图像处理工作；陈海天为文中图示化的表格做了抽象化的表达。

最后，感谢同济大学出版社的各位编辑。她们专业、敬业地对待书中的每一个文字，让人看到电子信息时代纸媒的高品质。

浙江安吉鲸奇谷平面图

杭州筱湖公园平面图

龙骨乐园建成后鸟瞰，与周边现有住区、规划建设用地的关系

龙游·凤翔洲水文化公园鸟瞰

图片来源

P33，P51，P59，P65，P74，P75，P79，P82，P84，P85（上），P86，P89，P101(右下)，P104，P106（上），P107，P112（上），P114—P116，P152（⑥—⑧），P156，P158（①③④⑤），P159，P160，P162，P163（上），P166，P170，P172，P179（右上），P182，P189（下），P194，P195（下），P196，P198（左下），P211（③⑤⑥），P237，P242，P245，P249—P252，P263，P268，P269，P271（上），P272，P280 张海；

封面，封底，P129，P130，P133，P134，P267（中）河狸景观摄影；

P4，P12，P52，P101（上），P137，P145，P146，P152（①—⑤），P211（⑦），P248 鲁冰；

P14，P211（①），P214，P216，P218，P220，P221，P224，P255，P278 王骁；

P17 "逛" 公园 参考文献 [2]；

P20 "逛" 公园 参考文献 [9]；

P22 张唐景观改绘，底图来自 "逛" 公园 参考文献 [7][8][10]；

P67—P71 张唐景观改绘，底图来自 "修" 公园 参考文献 [12] [13]；

P83 陈苗苗；

P135 福建登云房地产开发有限公司；

P158（②），163（下）在野照物所；

P161，P177（右中）李涟；

P230（②—⑥）王奕欣；

P238，P239 南京汤山温泉旅游度假区管委会；

P266，P267（上，下）三棱镜文化传播有限公司。

书中其他未列出的图片及绘制图等均属于张唐景观所有。